高职高专院校“十三五”实训规划教材

JICHU HUAXUE SHIXUN ZHIDAOSHU

基础化学实训指导书

主　编　杨红丽　赵　怡　骆　薇

主　审　武世新

西北工業大學出版社

【内容简介】 本书采用“工学结合”模式，选择实用性、应用性较强的内容，分两个情境，48个项目，从化学基础技能实训到专业基础技能实训，融合讲述了基础化学（无机化学、有机化学、分析化学）、高分子化学、表面胶体化学等课程实训的内容。为了更好地让读者理论联系实际，掌握所学技能，并能按照一定思路解决实际问题，项目中设置了实训目的、实训原理、实训步骤，最后通过数据的记录与处理、思考题进行巩固。

本书适合高等职业院校油田化学相关专业教学使用。

图书在版编目（CIP）数据

基础化学实训指导书/杨红丽，赵怡，骆薇主编. —西安：西北工业大学出版社，2016.10
ISBN 978-7-5612-5126-3

Ⅰ.①基… Ⅱ.①杨… ②赵… ③骆… Ⅲ.①化学—高等学校—教学参考资料
Ⅳ.①O6

中国版本图书馆CIP数据核字（2016）第252057号

策划编辑：杨 军
责任编辑：张珊珊

出版发行：西北工业大学出版社
通信地址：西安市友谊西路127号 **邮编**：710072
电 话：(029)88493844 88491757
网 址：www.nwpup.com
印 刷 者：兴平市博闻印务有限公司
开 本：787 mm×1 092 mm 1/16
印 张：10
字 数：237千字
版 次：2016年10月第1版 2016年10月第1次印刷
定 价：26.00元

延安职业技术学院
《基础化学实训指导书》
编委会

编写成员

主　编　杨红丽　赵　怡　骆　薇

编　者　杨红丽　赵　怡　骆　薇　武世新　高　焰

　　　　陈　思　严　茹　王志强

主　审　武世新

行业指导人

企业专家　李　伟　杨志刚　杨永超　于小龙

前　　言

化学技能教学是高职油田化学应用技术专业培养学生科学思维与方法、创新意识与能力的基本的教学形式之一，本实训指导书就是基于培养学生的基础化学实训技能而编写的，主要叙述了化学实训的基本原理、基本方法与基本操作等。

基础化学实训课程旨在使学生掌握化学实训基本知识、化学实训基本操作技能、物质的定量分析技能、基础有机合成实训、仪器分析中各仪器的使用等，要求学生熟练地掌握一整套规范的操作技能，尤其加深对“责任、细致”概念的理解和认识，培养学生严谨的工作作风和科学的实训态度。同时专业基础实训部分的开设，使学生对专业基础课的理论有更进一步的理解和掌握，为专业课的学习奠定坚实的基础。

本书由杨红丽、赵怡、骆薇担任主编。全书共分两个情境，情境一由赵怡负责，骆薇、陈思、严茹参与编写；情境二由杨红丽负责，高焰、武世新、王志强参与编写。全书由武世新担任主审。

在本书编写过程中，得到了李伟（延长石油研究院主任、高级工程师）、杨志刚（延长石油研究院油田化学所副所长、高级工程师）、杨永超（延长石油研究院副所长、高级工程师）、于小龙（延长石油研究院钻井工艺室主任、工程师）等具有丰富实践经验的延安职业教育集团石油工程类专业教指委专家的大力支持，在此表示由衷的感谢！

在本书的编写过程中，参考了各兄弟院校的教材和专著，这些教学资料和专著中蕴涵着宝贵的教学经验，是数代人经过数十年辛勤耕耘的结晶，在此表示感谢。

由于时间仓促及笔者水平所限，书中错误和疏漏之处在所难免，恳请读者批评指正。

编　者

2016 年 8 月

目 录

情境一　化学基础实训

项目一　实训室常识和有效数字

一、实训目的

(1)遵守实训室规则,能够正确面对和处理意外事故。

(2)掌握有效数字及其运算法则。

(3)掌握误差的产生及减小误差的方法。

二、实训内容

1. 实训要求

(1)实训前应认真预习,明确实训目的,了解实训内容及注意事项,写出预习报告。

(2)做好实训前的准备工作,清点仪器,如发现缺损,应报告指导教师,按规定向实训准备室补领。实训时仪器如有损坏,亦应按规定向实训准备室换领,并按规定进行适当的补偿。未经教师同意,不得随意拿其他位置上的仪器。

(3)实训时一定要保持肃静,集中思想,认真操作,仔细观察现象,如实记录,积极思考问题。

(4)实训时保持实训室和台面清洁整齐,火柴梗、废纸屑、废液、金属屑应倒在指定的地方,不能随手乱扔,更不能倒在水槽中,以免水槽或下水道堵塞、腐蚀或发生意外。

(5)实训时要爱护国家财产,小心正确地使用仪器和设备,注意节约水、电和试剂。

(6)实训完毕后将玻璃仪器清洗干净,放回原处整理好桌面,经指导教师检查后方可离开。

(7)每次实训后由学生轮流值日,负责整理试剂、仪器,打扫实训室卫生,清理实训后废物;检查水、电、煤气开关,关好门窗等。

(8)实训室内的一切物品(包括仪器、试剂、产物等)不得带离实训室。

2. 实训安全与意外事故处理

(1)安全守则。

1)熟悉实训室环境,了解电源、煤气总阀、急救箱和消防用品的位置及使用方法。

2)一切易燃、易爆物品的操作应远离火源。

3)能产生有刺激性、有毒和有恶臭气味的实训，应在通风橱内或通风口处进行。

4)使用具有强腐蚀性的试剂，如强酸、强碱和强氧化剂等，应特别小心，防止溅在衣服、皮肤尤其是眼睛上。稀释浓硫酸时，应将浓硫酸慢慢注入水中，并不断搅动，切勿将水倒入浓酸中，以免因局部过热使浓硫酸溅出，引起灼伤。

5)嗅瓶中气味时，鼻子不能直接对着瓶口，应用手把少量气体轻轻地扇向自己的鼻孔。

6)加热试管时，不能将管口对着自己或他人。不要俯视正在加热的液体，以防被意外溅出的液体灼伤。

7)严禁做未经教师允许的实训，或任意将试剂混合，以免发生意外。

8)不用潮湿的手去接触电源。水、电和煤气用完后应立即将开关关闭。

9)严禁在实训室内进食、吸烟。实训用品严禁入口。实训结束后，必须将手洗净。

(2)意外事故的处理。

1)割伤：伤处不能用水洗，应立即用药棉擦净伤口(若伤口内有玻璃碎片，应先挑出)，涂上紫药水(或红药水、碘酒，但红药水和碘酒不能同时使用)，再用止血贴或纱布包扎，如果伤口较大，应立即去医院医治。

2)烫伤：可用1%高锰酸钾溶液擦洗伤处，然后涂上医用凡士林或烫伤膏。

3)化学灼伤：酸灼伤时，应立即用大量水冲洗，然后用3%～5%碳酸氢钠溶液(或稀氨水)冲洗，再用水冲洗，最后涂上医用凡士林；碱灼伤时，应立即用大量的水冲洗，再依次用2%醋酸溶液(或3%硼酸溶液)冲洗、水冲洗，最后涂上医用凡士林。

4)不慎吸入刺激性或有毒气体(如氨、氯化氢)，可立即吸入少量酒精和乙醚的混合蒸气，若吸入硫化氢气体而感到头晕等不适时，应立即到室外呼吸新鲜空气。

5)触电：立即切断电源，必要时进行人工呼吸。

6)起火：小火可用湿布或沙子覆盖燃烧物，火势较大时用泡沫灭火器。油类、有机物的燃烧，切忌用水灭火。电器设备着火，应首先关闭电源，再用防火布、砂土、干粉等灭火。不能用水和泡沫灭火器，以免触电。实训人员衣服着火时，不可慌张跑动，否则加强气流流动，使燃烧加剧，而应尽快脱下衣服或在地面打滚或跳入水池。

7)毒物进入口中：将5～10 mL稀硫酸铜溶液加入一杯温水中，内服后，用手指伸入咽喉部催吐，然后立即送往医院救治。

3. *有效数字和误差*

(1)有效数字。

在化学实训中，经常用仪器来测量某些物理量，对测量数据所选取的位数，以及在计算时该选几位数字，都要受到所用仪器的精确度的限制。从仪器上能直接读出(包括最后的一位估计读数在内)的几位数字通常称为有效数字。任何超越或低于仪器精确度的有效数字位数的数字都是不正确的。

例如，20 mL量筒的最小刻度为1 mL，两刻度之间可估计出0.1 mL，测量溶液体积时，最多只能取到小数后第一位。如16.4 mL，是三位有效数字。又如滴定管的最小刻度是0.1 mL，两刻度之间可估计到0.01 mL。这样，测量溶液体积时，可取到小数后第二位，如16.42 mL，是四位有效数字。

以上这些测量值中，最后一位(即估计读出的)为可疑数字，其余为准确数字。所有的准确数字和最后一位可疑数字都称为有效数字。有效数字的位数可由下面几个数值来说明。

有效数字	0.18	0.018	1.80	1.08
有效数字的位数	2	2	3	3

从以上几个数字可看出，“0”只有在数字的中间或在小数的数字后面时，才是有效数字，而在数字前面时，只起定位作用，表示小数点的位置，并不是有效数字。

(2)有效数字的运算。

1)加减法：几个数据进行加减时，所得结果的有效数字的位数，应与各加减数中小数点后面位数最少者相同。

如，18.215 4，2.561，4.52，1.002 相加，其中 4.52 的小数点后的位数最少，只有两位，所以应以它为标准，其余几个数也应根据四舍六入五留双法保留到小数点后两位。

所以有 $18.22+2.56+4.52+1.00=26.30$

2)乘除法：几个数据进行乘除运算时，所得结果的有效数字应与各乘除数中有效数字最少的数相同，与小数点的位数无关。

如，$34.64\times0.0123\times1.07892$，其中 0.012 3 的有效数字为三位，最少，所以应以它为标准进行计算。即

$$34.6\times0.0123\times1.08=0.460$$

在计算的中间过程，可多保留一位有效数字，以避免多次的四舍六入五留双造成误差的积累。最后的结果再舍去多余的数字。

3)对数运算：在对数运算中，真数的有效数字的位数与对数尾数的位数相同，与首数无关。这是因为首数只起定位作用，不是有效数字。

如，pH＝4.80

$c(H^+)=10^{-4.80}=1.6\times10^{-5}$ mol/L(取两位有效数字)

(3)误差。

1)准确度与误差。

准确度是指测定值与真实值之间相差的程度，用“误差”表示。误差愈小，表示测量结果的准确度愈高。反之，准确度就愈低。误差又分为绝对误差和相对误差，其表示方法如下：

绝对误差是测量值与真实值(理论值)之间的差值。

$$\text{绝对误差 } E=\text{测量值}-\text{真实值(理论值)}$$

相对误差表示误差在测量结果中所占的百分率。测定结果的准确度常用相对误差来表示。

$$\text{相对误差 } RE=\frac{\text{测量值}-\text{真实值}}{\text{真实值}}\times100\%$$

绝对误差和相对误差都有正值和负值。正值表示测量结果偏高，负值表示测量结果偏低。

2)精密度与偏差。

精密度是指在相同条件下多次测定的结果互相吻合的程度，表示测定结果的再现性。精密度用“偏差”表示。偏差愈小说明测定结果的精密度愈高。

绝对偏差　　$d=\text{个别测量值}-\text{测量平均值}$

相对偏差　　$R_d=\dfrac{\text{绝对偏差}}{\text{平均值}}\times100\%$

偏差不计正、负号。

3)误差的种类及其产生的原因。

a. 系统误差。

这种误差是由于某种固定的原因造成的,例如方法误差(由测定方法本身引起的)、仪器误差(仪器本身不够准确)、试剂误差(试剂不够纯)、操作误差(正常操作情况下,操作者本身的原因)。这些情况产生的误差,在同一条件下重复测定时会重复出现。

b. 偶然误差。

这是由于一些难以控制的某些偶然因素引起的误差,如测定时温度、气压的微小波动,仪器性能的微小变化,操作人员对各份试样处理时微小差别等。由于引起的原因有偶然性,所以造成的误差是可变的,有时大有时小,有时是正值有时是负值。

除上述两类误差外,还有因工作疏忽、操作马虎而引起的过失误差,如试剂用错、刻度读错、砝码认错或计算错误等,均可引起很大的误差,这些都应力求避免。

4)准确度与精密度的关系。

系统误差是测量中误差的主要来源,它影响测定结果的准确度。偶然误差影响结果的精密度。测定结果准确度高,一定要精密度好,表明每次测定结果的再现性好。若精密度很差,说明测定结果不可靠,已失去衡量准确度的前提。

有时,测定结果精密度很好,说明它的偶然误差很小,但不一定准确度就很高。只有在消除了系统误差之后,才能做到精密度既好,准确度又高。因此,在评价测量结果的时候,必须将系统误差和偶然误差的影响结合起来考虑,以提高测定结果的准确性。

项目二　常用玻璃仪器及其洗涤

一、实训目的

(1)掌握常用玻璃仪器的使用方法。

(2)掌握玻璃仪器洗涤、烘干技能。

二、实训内容

(一)实训室常用玻璃仪器及其使用方法

1. 烧杯

(1)烧杯简介。

烧杯是盛装反应物的玻璃容器,用于较大量试剂的反应、蒸发部分液体和配制溶液,可在常温或加热时使用,如图 2-1 所示。烧杯的容积有 50 mL,100 mL,250 mL,500 mL 和 1 000 mL等几种。

(2)烧杯使用方法。

1)烧杯外壁擦干后方可用于加热,加热时应放置在石棉网上,使其受热均匀。

2)烧杯内盛放液体的容量通常不超过容积的 2/3。

3)溶解物质搅拌时,玻璃棒不能触及杯壁或杯底。

4)烧杯外壁有刻度时,可估计其内的溶液体积。

5)有的烧杯在外壁上亦会有一小区块呈白色或是毛边化,在此区内可以用铅笔写字描述所盛物的名称。若烧杯上没有此区时,则可将所盛物的名称写在标签纸上,再贴于烧杯外壁作为标识之用。

6)当溶液需要移到其他容器内时,可以将杯口朝向有突出缺口的一侧倾斜,即可顺利将溶液倒出。若要防止溶液沿着杯壁外侧流下,可用一根玻璃棒轻触杯口,则附在杯口的溶液即可顺利地沿玻璃棒流下,如图 2-2 所示。

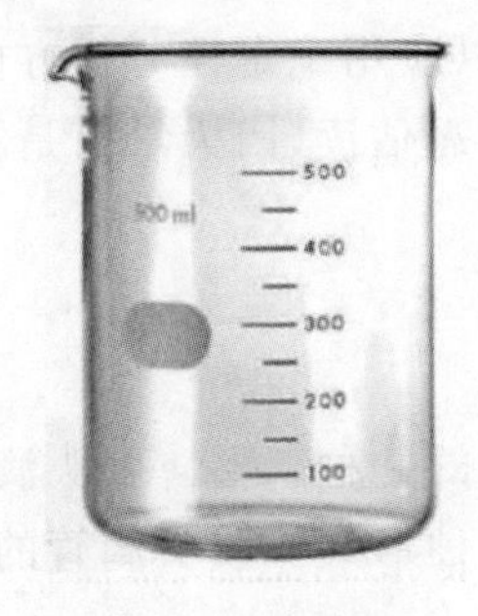

图 2-1　烧杯

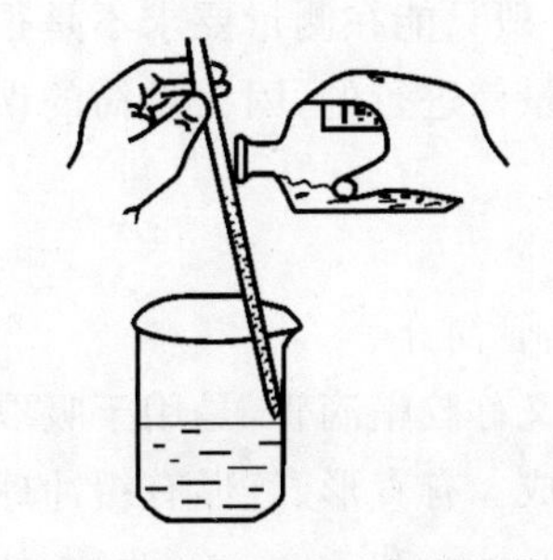

图 2-2　向烧杯中倾倒液体

2. 量筒

(1)量筒简介。

量筒是用来量取一定体积(粗量器)的液体,如图 2-3 所示。取用一定量的液体,一般可用量筒量出其体积,选用量筒的规格视所量液体体积大小而定。常用的有 10 mL,25 mL,50 mL,100 mL,250 mL,500 mL,1 000 mL等。外壁刻度都是以 mL 为单位,10 mL 量筒每小格表示 0.2 mL,而 50 mL 量筒每小格表示 1 mL。可见量筒越大,管径越粗,其精确度越小,由视线的偏差所造成的读数误差也越大。量筒的标称容量越大,其分度值越大,则精度越低;反之,容量越小,其分度值越小,则精度越高。

(2)量筒使用方法。

1)量液时,量筒应放平稳,向量筒里注入液体时,应用左手拿住量筒,使量筒略倾斜,右手拿试剂瓶,瓶口紧挨着量筒口,使液体缓缓流入。当注入液体量接近所需容积刻度线时将量筒置于桌面,改用一洁净胶头滴管将液体滴至所需刻度。

2)观察和读取刻度时,视线要跟量筒内液体的凹液面的最低处保持水平(见图 2-4);如果仰视或俯视都会造成读数误差。注入液体后,等 1~2 min,使附着在内壁上的液体流下来,再读出刻度值。否则,读出的数值偏小。

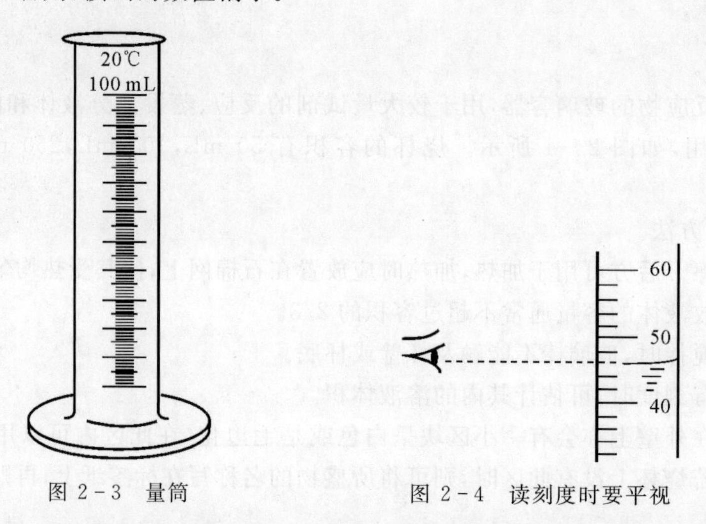

图 2-3 量筒　　　　图 2-4 读刻度时要平视

3)量筒上的刻度是指温度在 20℃时的体积数。温度升高,量筒发生热膨胀,容积会改变。由此可知,量筒是不能加热的,也不能用于量取过热的液体,更不能在量筒中进行化学反应或配制溶液。

注:量筒一般只能在测量要求不是很严格时使用,通常可以应用于定性分析方面,定量分析是不能使用量筒进行的,因为量筒的误差较大。量筒一般不需估读,因为量筒是粗量器,但有时也需估读。

3. 胶头滴管

(1)胶头滴管简介。

胶头滴管又称胶帽滴管,是用于吸取或滴加少量液体试剂的一种仪器。胶头滴管由胶帽和玻璃滴管组成。有直形、直形有缓冲球及弯形有缓冲球等几种形式。胶头滴管的规格以管长表示,常用 90 mm 和 100 mm 两种,如图 2-5 所示。

(2)胶头滴管的使用。

使用胶头滴管的时候,必须注意到胶头滴管的拿法,一般我们用无名指和中指夹住滴管的颈部,用拇指和食指捏住胶头。这样中指和无名指固定好了滴管,拇指和食指可以控制好滴加液体的量。

吸取液体时，应注意不要把瓶底的杂质吸入滴管内。操作时，应先把滴管拿出液面，再挤压胶头，排除胶头里面的空气，然后再深入到液面下，松开大拇指和食指，这样滴瓶内的液体在胶头的压力下吸入滴管内，从而避免瓶底的杂质被吸入。

滴加液体时，应把胶头滴管垂直移到试管口的上方，注意滴管下端既不可离试管口很远，也不能伸入到试管内，滴管尖端必须与试管口平面在同一平面上并且垂直滴加液体。轻轻地用拇指和食指挤压胶头，使液体滴入试管内。注意不要带入杂质，同时也不要把杂质带入到滴瓶中。如图 2－6 所示。

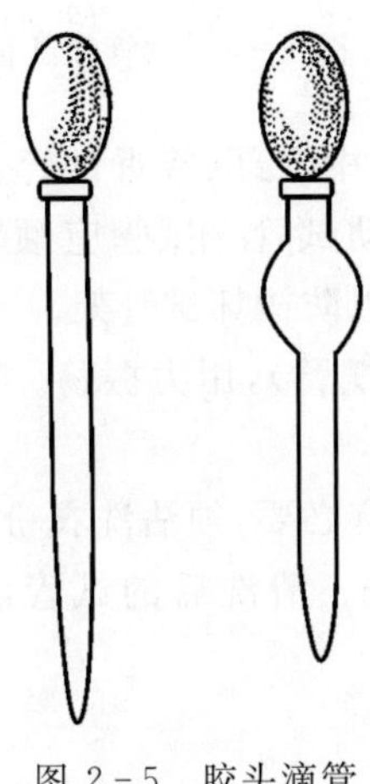

图 2－5　胶头滴管

图 2－6　胶头滴管的使用

(3)胶头滴管的放置。

取用液体时，滴管不能倒转过来，以免试剂腐蚀胶头和沾污药品。滴管不能随意放在桌上，使用完毕后，要把滴管内的试剂排空，不要残留试剂在滴管中，然后插回滴瓶。每种试剂都应有专用的滴管，不得混用，用毕应该用清水洗净。

胶头滴管用于吸取和滴加少量液体，滴瓶用于盛放液体药品。胶头滴管用过后应立即洗净，再去吸取其他药品；滴瓶上的滴管与滴瓶配套使用。

用后将胶头滴管的尖端部分浸入烧杯里的蒸馏水里，用力挤压胶头排尽空气，松开胶头，这样重复几次，就可洗干净。

(4)注意事项。

1)胶头滴管加液时，不能伸入容器，更不能接触容器内壁。

2)不能倒置，也不能平放于桌面上。应插入干净的瓶中或试管内。

3)用完之后，立即用水洗净。严禁未清洗就吸取另一试剂。

4)胶帽与玻璃滴管要结合紧密不漏气，若胶帽老化，要及时更换。

4. 试管

(1)试管简介。

试管常作少量试剂的反应容器，在常温或加热(加热之前应该预热，不然试管容易爆裂)时使用，如图 2－7 所示。

试管分普通试管、具支试管、离心试管等多种。普通试管的规格以外径(mm)×长度(mm)表示，如 15×150，18×180，20×200 等。

(2)操作方法及注意事项。

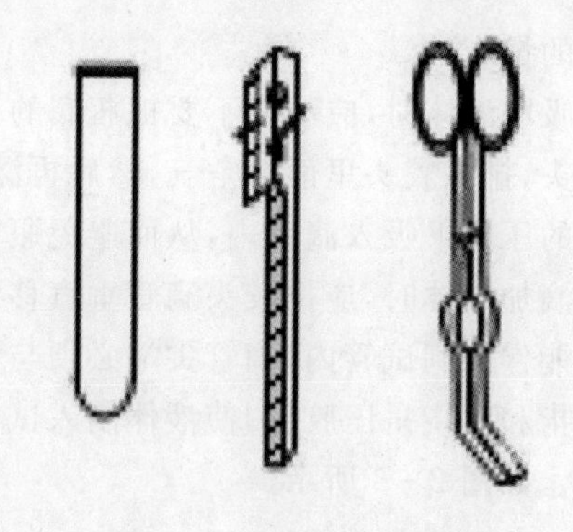

图 2-7 试管和试管夹

使用试管时应用大拇指、食指、中指握住试管,无名指和小指握成拳,与拿毛笔写字有点相似。手指握在试管中上部,即“三指握两指拳”。

向试管中倾倒液体,每次只能拿一个试管,但几个试管对比时,可以几个同时拿在手里(用大拇指和手掌)。溶液总量不超过试管容量的1/2,加热时不超过试管容量的1/3。

普通试管可以直接加热,加热前要将试管外壁水分擦干。加热时须用试管夹,试管夹从试管底部向试管口套进,取的时候也从试管下部取出,夹在试管口中上部(接近试管口1/3)。加热时先使试管均匀受热,然后在试管底部集中加热,并不断移动试管。试管应倾斜约45°,管口不要对着自己或他人。加热完的试管不能马上放入试管架,以防烫坏试管架。

振荡试管时,拇食中三个手指拿住试管,手腕使劲(不是摆臂),用力振荡。可以保证试管里的液体不会飞溅出来。

清洗试管可以直接用清水振荡,也可以用试管刷。如果有必要,须沾洗衣粉来刷。根据实训所用的药品,也可选用酸、碱或酸性重铬酸钾洗液来清洗。清洗后的试管内壁不应挂有水珠。

5. 细口瓶、广口瓶

细口瓶、广口瓶是用于盛放试剂的玻璃容器,瓶口内侧磨砂,如图2-8所示。广口瓶用于盛放固体试剂,还可以用来收集气体;细口瓶用于存放液体试剂。

(1)用途。

细口瓶、广口瓶有透明和棕色两种,棕色瓶用于盛放需避光保存的试剂。

图 2-8 细口瓶 广口瓶

(2)使用注意事项。

1)由于瓶口内侧磨砂,跟玻璃磨砂塞配套,存放碱性试剂时,要用橡皮塞,不能用玻璃塞。

2)不能用于加热。

3)取用试剂时,瓶塞要倒放在桌上,用后加塞塞紧,必要时密封。

(二)玻璃仪器洗涤

1. 一般洗涤仪器的方法

玻璃仪器清洁与否直接影响实训结果的准确性和精密性,因此,必须十分重视玻璃仪器的洗涤。洗涤方法概括起来有以下三种。

1)用水刷洗:用于洗去水溶性物质,同时洗去附着在仪器上的灰尘等。

2)用去污粉或合成洗涤剂刷洗:用于清洗形状简单,能用刷子直接刷洗的玻璃仪器(见图2-9),如烧杯、试剂瓶、锥形瓶等一般的玻璃仪器。去污粉由碳酸钠、白土和细沙等混合而成。将要洗涤的玻璃仪器先用少量水润湿,再用刷子蘸去污粉擦洗。利用碳酸钠的碱性除油污,白土的吸附作用和细沙的摩擦作用增强了对玻璃仪器的洗涤效果。玻璃仪器经擦洗后,用自来水冲掉去污粉颗粒,再用蒸馏水荡洗3遍,以除去自来水中带来的杂质离子。洗净的玻璃仪器倒置时应不留水珠和油花(见图2-10),否则需重新洗涤。洗净的玻璃仪器也不能用纸或抹布擦干，以免脏物或纤维留在器壁上而污染玻璃仪器。玻璃仪器应倒置在干净的仪器架上，切不能倒置在实训台上。

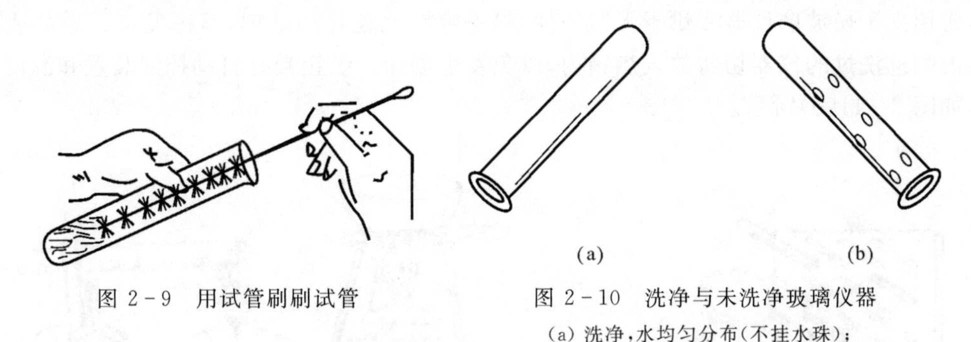

图 2-9　用试管刷刷试管

图 2-10　洗净与未洗净玻璃仪器
(a) 洗净，水均匀分布(不挂水珠)；
(b) 未洗净，器壁附着水珠(挂水珠)

3)用洗液洗涤：主要用于清洗不易或不应直接刷洗的玻璃仪器，如吸管、容量瓶等，也可用于长久不用的玻璃仪器或刷子刷不下的污垢等。先用洗液浸泡 15 min 左右，再用自来水冲净残留在器壁上的洗液，最后用蒸馏水润洗 3 遍。

常用的洗液有强酸性氧化剂洗液剂铬酸洗液、碱性高锰酸钾洗液、纯酸洗液、纯碱洗液、有机溶剂等。重铬酸盐洗液的具体配法：将 25 g 重铬酸盐固体在加热条件下溶于 50 mL 水中，然后向溶液中加入 450 mL 浓硫酸，边加边搅动，切勿将重铬酸钾加到浓硫酸中。装洗液的瓶子应盖好盖，以防吸潮。使用洗液时要注意安全，不要溅到皮肤、衣物上。重铬酸盐洗液可反复使用，直至溶液变成绿色时失去去污能力。失去去污能力的洗液要按照废液处理的办法处理，不要随意倒入下水道。王水为一体积浓硝酸和三体积浓盐酸的混合溶液，因王水不稳定，所以使用时应现用现配。

2. 仪器的干燥

有一些无水条件下的无机实训和有机实训必须在干净、干燥的仪器中进行。常用的干燥方法有如下几种。

(1)晾干。

将洗净的仪器倒立放置在适当的仪器架上或者仪器柜内，让其在空气中自然干燥，倒置可以防止灰尘落入，但要注意放稳仪器，如图 2-11(a)所示。

(2)烤干。

用煤气灯小心烤干。一些常用的烧杯、蒸发皿等可置于石棉网上用小火烤干。烤干前应擦干仪器外壁的水珠。试管烤干时应使试管口向下倾斜，以免水珠倒流炸裂试管。烤干时应先从试管底部开始，慢慢移向管口，不见水珠后再将管口朝上，把水汽赶尽，如图 2-11(b)所示。

(3)吹干。

用热或冷的空气流将玻璃仪器吹干，所用仪器是电吹风机或玻璃仪器气流干燥器。用吹风机吹干时，一般先用热风吹玻璃仪器的内壁，待干后再吹冷风使其冷却。如果先用易挥发的溶剂如乙醇、乙醚、丙酮等淋洗一下仪器，将淋洗液倒净，然后用吹风机按冷风—热风—冷风的顺序吹，则会干得更快，如图 2-11(c)所示。

(4)烘干。

将洗净的仪器放入电热恒温干燥箱内加热烘干。恒温干燥箱(简称烘箱)是实训室常用的仪器,常用来干燥玻璃仪器或烘干无腐蚀性、热稳定性比较好的试剂,但挥发性易燃品或刚用酒精、丙酮淋洗过的仪器切勿放入烘箱内,以免发生爆炸。烘箱带有自动控温装置和温度显示装置,如图 2-11(d)所示。

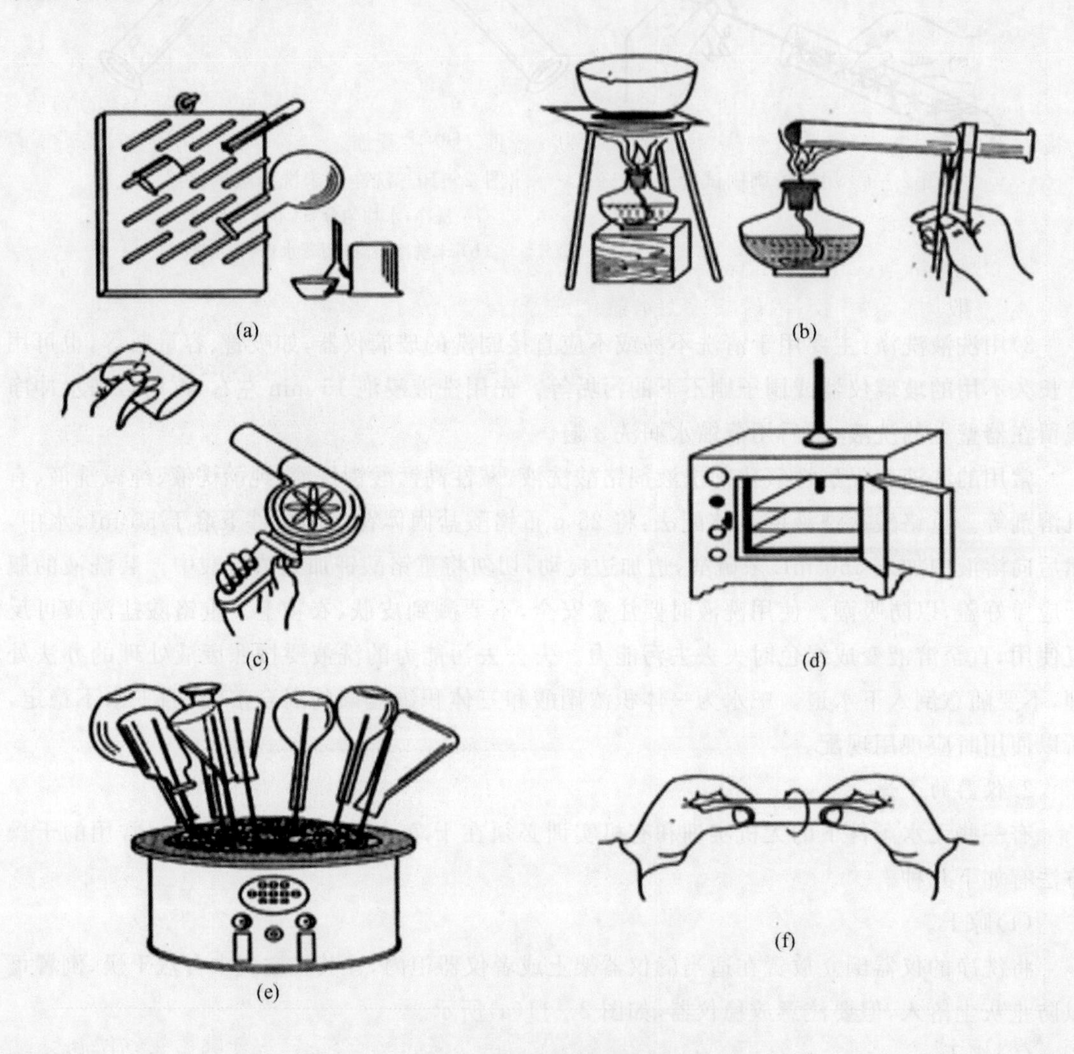

图 2-11　玻璃仪器的干燥

(a) 晾干；(b) 烤干(仪器外壁晾干后,用小火烤干,同时要不断地摇动使受热均匀)；
(c) 吹干；(d) 烘干(105℃左右控温)；(e) 气流烘干；
(f) 快干(有机溶剂法)(先用少量丙酮或酒精使内壁均匀润湿一遍倒出,再用少量乙醚使内壁均匀润湿一遍后晾干或吹干。丙酮或酒精、乙醚等应回收)

烘箱最高使用温度可达 200～300 ℃,常用温度在 100～120 ℃。玻璃仪器干燥时,应先洗净并将水尽量倒干,放置时应注意平放或使仪器口朝上,带塞的瓶子应打开瓶塞,如果能将仪器放在托盘里则更好。一般在 105 ℃加热 15 min 左右即可干燥。最好让烘箱降至常温后再取出仪器。如果热时就要取出仪器,应注意用干布垫手,以防烫伤。热玻璃仪器不能碰水,以防炸裂。热仪器自然冷却时,器壁上常会凝上水珠,可以用吹风机吹冷风助冷而避免。烘干的试剂一般取出后应放在干燥器里保存，以免在空气中又吸收水分。

还应注意，一般带有刻度的计量仪器，如移液管、容量瓶、滴定管等不能用加热的方法干燥，以免热胀冷缩影响这些仪器的精密度。应该晾干或使用有机溶剂快干法。

(三)干燥设备简介

1. 干燥器

(1)干燥器简介。

干燥器是具有宽边磨砂盖的密封容器。在底座下半截为缩细的腰，在束腰的内壁有一宽边，用以搁放瓷板，如图 2-12 所示。瓷板具有大小不同的孔洞，瓷板上面存放被干燥的物质，瓷板下部底座用以存放干燥剂。盖子为拱圆状，盖顶上有一只圆玻璃滴，是作为手柄移动盖子用的。盖子的宽边磨平，与底座相吻合，达到密闭的目的。

(2)干燥器的使用方法。

将干燥器洗净擦干，在干燥器底座按照需要放入不同的干燥剂(一般用变色硅胶、浓硫酸或无水氯化钙等)，然后放上瓷板，将待干燥的物质放在瓷板上(如果中物质放入后要不时地移动干燥器盖子，让里面的空气放出，否则会由于空气受热膨胀把盖顶起来)。再在干燥器宽边处涂一层凡士林油脂，将盖子盖好沿水平方向摩擦几次使油脂均匀，即可进行干燥。

图 2-12　玻璃仪器的干燥

在打开干燥器盖子时一手扶住干燥器，另一手将干燥器盖子沿水平方向移动方能打开，特别提醒，不要向上拉。如果用力向上拉，往往就容易由于用力过大将底座带起来，万一脱落将造成仪器的损坏。

2. 烘箱

(1)烘箱简介。

烘箱外壳一般采用薄钢板制作，表面烤漆，工作室采用优质的结构钢板制作。外壳与工作室之间填充硅酸铝纤维。加热器安装底部，烘箱的操作更简便，快捷且有效。

(2)烘箱的使用方法。

1)使用前必须留意所用电源电压是否符合烘箱的要求。使用时，必须将电源插座接地线按规则接地。

2)在通电使用时，切忌用手触及箱左侧空间的电器局部或用湿布揩抹及用水冲洗，检验时应将电源切断。

3)电源线不可缠绕在金属物上，不可设置在低温或湿润的中央，以免橡胶老化致使漏电。

4)放置箱内物品切勿过挤，必须留出气氛对流的空间，使湿润气氛能在风顶上减速逸出。

5)应定期检查温度调节器的银触点是否发毛或不平，如有，可用细纱布将触头砂平后再运用，并应常常用干净布擦净，使之接触优良(留意必须切断电源)，注意室内温度调节器的金属管道切勿撞击，免得影响灵活度。

6)请勿在无防爆安装的干燥箱内放入易燃物品。

7)每次用完后，须将电源局部切断，并保持箱内外干净。

三、仪器和试剂

仪器：烧杯，量筒，玻璃棒，胶头滴管。

试剂：氯化钠。

四、实验内容

1. 玻璃仪器的洗涤

(1)用自来水清洗烧杯,倒置检查是否清洗干净,若干净用蒸馏水润洗三遍。

(2)用去污粉或洗衣粉清洗烧杯,倒置检查是否清洗干净,若干净用蒸馏水润洗三遍。

(3)用铬酸洗液清洗烧杯,倒置检查是否清洗干净,若干净用蒸馏水润洗三遍。

2. 玻璃仪器的使用

(1)用洗干净的量筒分别量取 50 mL,200 mL 氯化钠溶液,倒入烧杯(自己选择合适大小),再转移到广口瓶中,保存,贴上标签(注意标签内容),以备下次使用。

(2)用胶头滴管从滴瓶中取 10 滴、20 滴、50 滴氯化钠溶液,滴入量筒,读取量筒体积,记录数据,计算每滴氯化钠液体的体积。

3. 玻璃仪器的干燥

将使用过的玻璃仪器清洗干净,将试管、量筒放在仪器上吹干;设置烘箱温度,将洗干净的烧杯、滴管(去掉胶头)烘干,然后放置于干燥器中冷却至室温;将广口瓶倒置,放在仪器柜中晾干。

项目三　电子天平的使用及试剂的称量和量取

一、实训目的

(1)学习并掌握电子天平的使用方法。

(2)学习化学试剂的基本知识,熟练掌握试剂的称量方法。

(3)牢记减量瓶的使用要求。

二、实训原理

1. 电子天平

(1)电子天平简介。

电子天平是实训最常见的电子仪器,通过电磁内分物质重力相平衡的原理测量物质的质量的,具有去皮重、自校、记忆、计数、故障显示等功能。天平称重准确,快速稳定,操作简单,功能齐全,较常见的是精度为0.000 1 g和 0.01 g 的赛多利斯电子天平,如图 3-1 和图 3-2 所示。

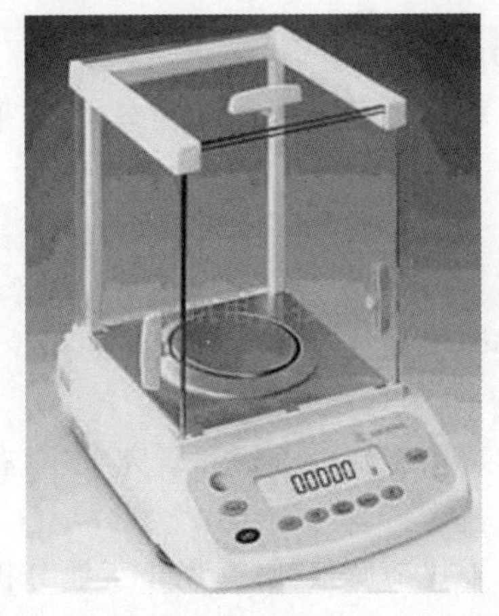

图 3-1　精度为 0.000 1g 的电子天平

图 3-2　精度为 0.01g 的电子天平

(2)电子天平使用规则。

1)使用天平时,应先注意天平放置是否水平,若无要先调水平。在登记簿上签名及登记使用时间;若发现天平故障,请立即报告指导老师,严禁自行动手修理。

2)天平保持干燥,勿使药品蒸气进入,勿使阳光直射。

3)待称物须冷却或回温至室温方可称量。

4)待称物的重量切勿超过最大负荷量。

5)天平切忌震动,称量时勿以手压台面。

6)严禁触及天平内各部分。

7)待称物放入或取出时,须小心轻柔且均应关闭天平门。

8)凡称量试药时,应使用称重纸,但易蚀、吸湿、易挥发或升华的试药,则必须使用称重(量)瓶,严禁将试药直接置于称盘上。

9)天平内外须随时保持干净;若不慎试药掉落盘上或天平中,立即用毛刷刷净。

10)药品称量后应立刻盖上药品瓶盖,以防不慎翻倒。

11)用天平称取药品时,严禁嬉戏喧哗。

12)使用天平后应马上清理。

13)在对仪器清洗之前,请将仪器与工作电源断开。在清洗时,不要使用强力清洗剂(溶剂类等);仅应使用中性清洗剂(肥皂)浸湿的毛巾擦洗。注意,不要让液体渗到仪器内部。在用湿毛巾擦后,再用一块干净的软毛巾擦干。试件剩余物/粉必须小心用刷子或手持吸尘器去除。

(3)电子天平操作程序。

1)调天平:调整地脚螺栓高度,使水平仪内空气气泡位于圆环中央。

2)开机:接通电源,按开关键 I/O 直至全屏自检。

3)预热:天平在初次接通电源或长时间断电之后,至少需要预热 30 min。为取得理想的测量结果,天平应保持在待机状态。

4)校正:首次使用天平必须进行校正,按校正键 CAL,BS 系列电子天平将显示所需校正砝码质量,放上砝码直至出现 g,校正结束。BT 系列电子天平自动进行内部校准直至出现 g,校正结束。

5)称量:使用除皮键 Tare,除皮清零,放置样品进行称量。

6)关机:天平应一直保持通电状态(24 h),不使用时将开关键关至待机状态,使天平保持保温状态,可延长天平使用寿命。

2. 化学试剂的认识

(1)化学试剂的种类。

化学试剂的种类繁多,其用途不同则相应标准也不同,根据纯度及杂质含量的多少,可将其分为以下几个等级。

1)优级纯 GR 绿标签。主成分含量很高、纯度很高,适用于精确分析和研究工作,有的可作为基准物质。

2)分析纯 AR 红标签。主成分含量很高、纯度较高,干扰杂质很低,适用于工业分析及化学实训。

3)化学纯 CP 蓝标签。主成分含量高、纯度较高、存在干扰杂质,适用于化学实训和合成制备。

4)实训纯 LR 黄标签。主成分含量高、纯度较差、杂质含量不做选择,只适用于一般化学实训和合成制备。

化学试剂除上述几个等级外,还有基准试剂、光谱纯试剂及超纯试剂等。基准试剂相当于或高于优级纯试剂,专作滴定分析的基准物质,用以确定未知溶液的准确浓度或直接配制标准溶液,其主成分含量一般为 99.95%~100.0%,杂质总量不超过 0.05%。光谱纯试剂主要在光谱分析中作标准物质,其杂质用光谱分析法检测不出或杂质含量低于某一限度,纯度在 99.99%以上。超纯试剂又称高纯试剂,借助一些特殊设备如石英、铂器皿等生产。此外,还有一些特殊规格的试剂，如指示剂、基准试剂、生化试剂、生物染色剂及高纯工艺用试剂等。国外试剂公司一般不采用国内的这种分级方法，而是用百分含量表示。

化学试剂的纯度对实训结果的准确度影响很大，不同的实训对试剂的纯度要求也不相同。在进行实训工作时，试剂的选用原则是保证其所含杂质对实训结果无影响。由于不同规格的同一试剂价格相差很大，在试剂选用时还需遵循节约的原则，一味地选用超标准的试剂会造成不必要的浪费。

(2)化学试剂瓶的认识。

试剂瓶上都有清晰且粘贴牢固化学试剂标签，相关标注符合国家标准要求。标签上面注明 QS 标志、商标、生产商名称与地址、质量标准、净含量、中文名称及形态、英文名称、相对分子质量、分子式、物理常数、技术条件、危险品规则号、生产许可证编号、生产日期及生产批号、自燃标志等。在使用试剂之前要先仔细阅读标签。

(3)化学试剂的保管方法。

化学试剂保管时要特别注意安全，还要防火、防水、防挥发、防曝光和防止变质。根据试剂的理化性质，分类隔离存放。通常把试剂分成下面几类，分别存放。

1)普通试剂：普通试剂按无机、有机分类存放于阴凉通风、温度低于 30℃的柜内即可。

2)易燃液体：易燃液体极易挥发成气体，遇明火即燃烧，通常把闪点在 25℃以下的液体均列入易燃液体类。要求单独存放于阴凉通风处，理想存放温度为－4～4℃，存放最高室温不得超过 30℃，特别要注意远离火源。

3)燃爆类：燃爆类试剂指引火点低，受热、冲击、摩擦或与氧化剂接触能急剧燃烧甚至爆炸的物质。此类试剂中，有些遇水反应十分猛烈，发生燃烧爆炸，有些试剂本身就是炸药或极易爆炸，有些是能与空气接触能发生强烈的氧化作用而引起燃烧的物质。例如，黄磷应保存在水中，切割时也应在水中进行。燃爆类试剂要求存放室内温度不超过 30℃，与易燃物、氧化剂均须隔离存放。

4)强氧化剂类：强氧化剂类试剂主要指过氧化物或含氧酸及其盐，在适当条件下会发生爆炸，并可与有机物、镁、铝、锌粉、硫等易燃固体形成爆炸混合物。要求存放于阴凉通风处，最高温度不得超过 30℃。必须与酸类以及木屑、炭粉、硫化物、糖类等易燃物，可燃物或易被氧化物等隔离，注意散热。

(4)化学试剂的取用。

1)固体试剂的取用原则。

a. 一般都用药匙来取用固体试剂。药匙的两端有大小不同的两个匙，分别用于取大量固体和少量固体。注意药匙的清洁和干燥，以避免固体试剂被污染，最好专匙专用。用玻璃棒制作的小玻璃匙可长期存放于盛有固体试剂的小广口瓶中，无须每次洗涤。不能用手或不洁净的用具接触试剂。

b. 取用块状试剂可用洁净干燥的镊子夹取。将块状试剂放入玻璃容器(如试管、烧瓶等)时，应先把容器平放，把块状试剂放入容器口后缓缓地竖立容器，使块状试剂沿器壁滑到容器底部，以免把玻璃容器底砸破。

c. 取固体试剂称量前，先看清标签，再打开瓶盖和瓶塞，将瓶塞反放在实训台上。然后用干燥洁净的药匙取固体试剂放在称量纸上称量，但对于具有腐蚀性、强氧化性和易潮解的固体试剂应放在玻璃容器内称量。根据称量精度的要求，可分别选择台秤或分析天平称量固体试剂，用称量瓶称量时，应用减量法操作。多取的固体试剂不能放回原试剂瓶，取完药品立即把瓶塞塞紧，绝不能将瓶塞张冠李戴。

d. 禁止品尝试剂(教师指定者除外)！不要把鼻孔凑到容器口去闻试剂的气味，只能用手将试剂挥发物招至鼻处，嗅不到气味时可稍离近些再招。防止受强烈刺激或中毒！

2)液体试剂的取用原则。

a. 倾注法。从细口瓶中取用液体试剂通常用倾注法。先将瓶塞取下，然后反放在实训台上，手握瓶上贴标签的一侧倾注试剂(见图 3-3)，倾出所需量后，将瓶口在容器上靠一下，再逐渐竖起瓶子，以免留在瓶口的液滴流到瓶的外壁。如有试剂流到瓶外要及时擦净，绝不允许试剂沾染标签。当往细口容器内转移液体时，也可以借助漏斗。往烧杯(或其他大口容器)中倾倒液体时，可用玻璃棒引流(见图 3-4)。

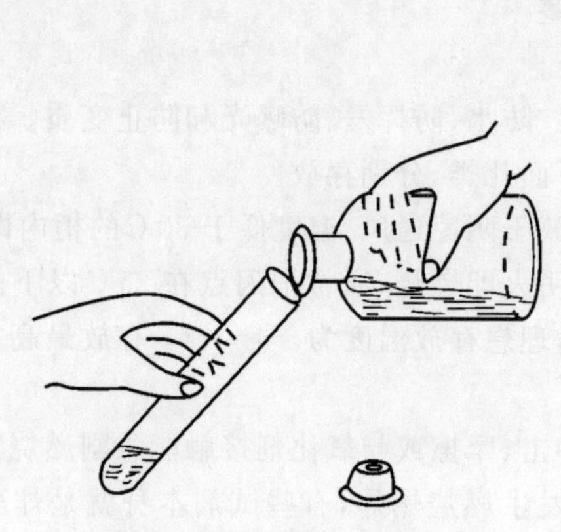
图 3-3　往试管中倾注液体

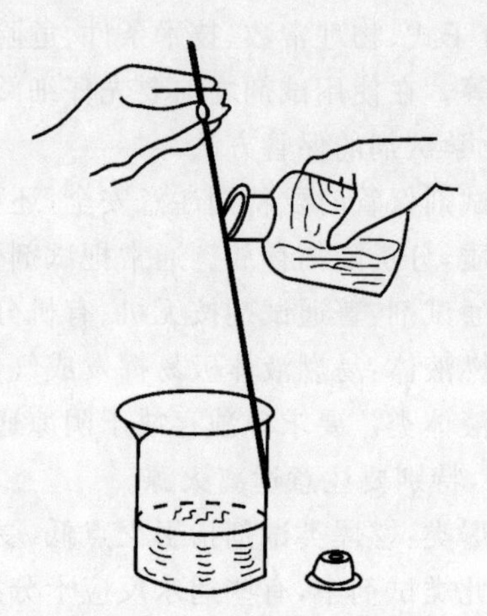
图 3-4　用玻璃棒导引液流

b. 从滴瓶中取用液体试剂。将液体试剂吸入滴管，滴入时滴管要垂直，这样滴入的体积才能准确。滴管口应离试管口 5 mm 左右，不得将滴管插入试管中，以防触及试管内壁而玷污滴瓶内药品。滴管只能专用，用后立刻放回原滴瓶。使用滴管的过程中，装有试剂的滴管不得横放或滴管口向上倾斜，以防液体流入滴管的橡皮帽中。

3. *试剂的称量方法*

(1)直接称量法。

天平调好零点后，将被称物直接放在天平盘上，按天平使用方法进行称量，所得读数即为被称物的质量，这种称量方法叫作直接称量法。

此法适用于称量洁净干燥的器皿、棒状或块状的金属等。例如，称量小烧杯的质量，校正某容量瓶的质量，重量分析实训中某坩埚的质量，过滤实训中滤纸的质量等，都使用这种称量法。

(2)固定质量称量法。

此法又称增量法或加量法，常用于称量某一固定质量的试剂(如基准物质)或试样。操作时将称量纸放在天平托盘上，归零；右手拿药勺，在试剂瓶中取适量药剂，伸入天平中，使药勺处于称量纸上方，用左手手指轻击右手腕部或者用右手食指轻击药勺柄部，将药勺中的药剂慢慢震落于容器内，如图 3-5 所示。

这种称量操作的速度很慢，适于称量不易吸潮、在空气中能稳定存在的粉末状或小颗粒(最小颗粒应小于 0.1mg，以便容易调节其质量)样品。

在称量中要注意：该方法要求称量精度在 0.1 mg 以内，如称取0.5 g石英砂，允许质量的范围在0.499 8～0.500 2 g，超出这个范围样品均不合格；若加入量超出，则需重称试样，已用试样必须弃去，不能放回到试剂瓶中；操作中不能将试剂洒落在称量纸以外的地方。称好的试剂必须定量地转入接收容器中，不能有遗漏。

(3)递减称量法。

递减称量法也称差减法，此法简便、快速、准确，在分析化学实训中常用来称取待测样品和基准物，是最常用的一种称量法。递减称量法适用于称取易吸水、易氧化或易与 CO_2反应的物质。

称量时先准备一个纸带(宽度要适当，不能高于称量瓶高度)，一个纸片(大小要适当，用于拿取称量瓶盖)；打开干燥器，用纸带夹住称量瓶后取出(注意不要让手指直接触及瓶身和瓶盖)，用纸片夹住称量瓶盖柄，打开瓶盖，用药勺加入适量试样(一般为称一份试样量的整数倍)，盖上瓶盖，将其放在天平托盘上，拿走纸带，清零；同样用纸带夹住称量瓶，将称量瓶从天平上取出，在接收容器的上方倾斜瓶身，用纸片夹住称量瓶盖柄，打开瓶盖，用称量瓶盖轻敲瓶口上部边缘，使试样慢慢落入容器中(瓶口始终不要离开接受器上方)；当倾出的试样接近所需量(可从体积上估计或试重得知)时，一边继续用瓶盖轻敲瓶口，一边逐渐将瓶身竖直，使粘附在瓶口上的试样落回称量瓶，然后盖好瓶盖，准确称其质量，屏幕上的显示值即为称取的试样质量；重复多次，直至试样质量在要求质量范围之内，记录试样质量，如图 3-6 所示。

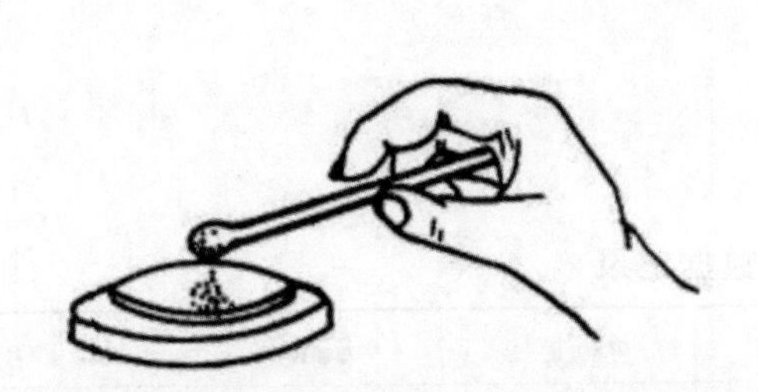

图 3-5　固定质量称量法

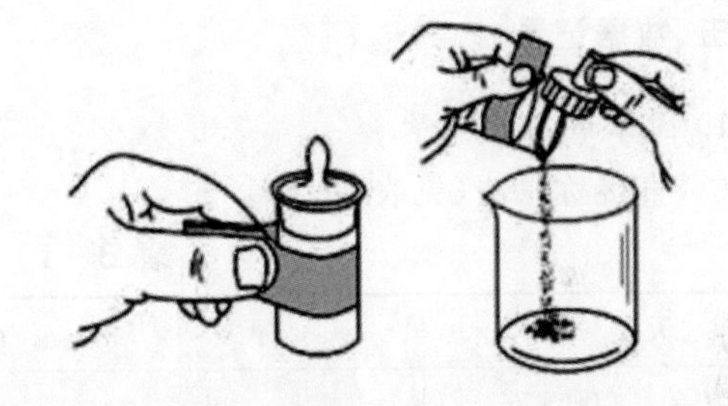

图 3-6　递减称量法

在称量时要注意：若倒入试样量超过称量范围时，应弃去重做；盛有试样的称量瓶除放在托盘上或用纸带拿在手中外，不得放在其他地方，以免沾污；套上或取出纸带时，不要碰着称量瓶口，纸带应放在清洁的地方；粘在瓶口上的试样尽量处理干净，以免粘到瓶盖上或丢失；要在接受容器的上方打开瓶盖或盖上瓶盖，以免可能粘附在瓶盖上的试样掉落他处；具有腐蚀性的固体和液体的质量的称量需要利用烧杯等盛装仪器。

三、仪器和试剂

仪器：电子天平、烧杯、表面皿、称量纸、称量瓶、滴瓶、广口瓶、量筒。

试剂：氯化钠、氢氧化钠、碳酸钠。

四、实训内容

1. 固体试剂的称量

(1)直接称量法。

在精度分别为 0.000 1 g 和 0.01 g 的电子天平上分别称取烧杯、表面皿、称量纸、称量瓶和滴瓶的质量，记录数据。

(2)固定质量称量法。

在精度分别为 0.000 1 g 和 0.01 g 的电子天平上分别称取 1g 的氯化钠、氢氧化钠，2 g 的氯化钠、氢氧化钠，平行称取三份，记录数据。称取的药品倒入回收瓶中。

(3)减量称量法。

在精度为 0.000 1 g 的电子天平上分别称取 0.260 0～0.350 0 g，0.100 0～0.160 0 g 的碳酸钠、氯化钠，平行称取三份，记录数据。称取的药品倒入回收瓶中。

2. 液体试剂的量取

(1)倾注法。

从广口瓶中分别量取 5 mL，10 mL 氢氧化钠溶液、氯化钠溶液三份，倒入烧杯中，在精度分别为 0.000 1 g 和 0.01 g 的电子天平上，称取液体的质量，记录数据，然后将其倒入回收瓶中。

(2)从滴瓶中取用液体。

从滴瓶中分别取 20 滴，25 滴氢氧化钠溶液、氯化钠溶液三份，滴入烧杯中，在精度分别为 0.000 1 g 和 0.01 g 的电子天平上，称取液体的质量，记录数据，然后将其倒入回收瓶中。

3. 完成实训报告

实训报告格式见附录 1。

五、数据记录

1. 固体试剂的称量

(1)直接称量法(见表 3-1)。

表 3-1 数据记录

天 平	$m_{烧杯}$/g	$m_{表面皿}$/g	$m_{称量纸}$/g	$m_{称量瓶}$/g	$m_{滴瓶}$/g
$d = 0.000\ 1$ g					
$d = 0.01$ g					

(2) 固定质量称量法(见表 3-2)。

表 3-2 数据记录

天 平	1g		2g	
	$m_{氯化钠}$/g	$m_{氢氧化钠}$/g	$m_{氯化钠}$/g	$m_{氢氧化钠}$/g
$d = 0.000\ 1$ g				
$d = 0.01$ g				

(3) 减量称量法(见表 3-3)。

表 3-3　数据记录

天　平	0.260 0～0.350 0 g		0.100 0～0.160 0 g	
	$m_{\text{氯化钠}}$/g	$m_{\text{碳酸钠}}$/g	$m_{\text{氯化钠}}$/g	$m_{\text{碳酸钠}}$/g
$d=0.000\ 1$ g				

2. 液体试剂的量取

(1) 倾注法(见表 3-4)。

表 3-4　数据记录

天　平	5 mL		10 mL	
	$m_{\text{氯化钠}}$/g	$m_{\text{氢氧化钠}}$/g	$m_{\text{氯化钠}}$/g	$m_{\text{氢氧化钠}}$/g
$d=0.000\ 1$ g				
$d=0.01$ g				

(2) 从滴瓶中取用液体(见表 3-5)。

表 3-5　数据记录

天　平	20 mL		25 mL	
	$m_{\text{氯化钠}}$/g	$m_{\text{氢氧化钠}}$/g	$m_{\text{氯化钠}}$/g	$m_{\text{氢氧化钠}}$/g
$d=0.000\ 1$ g				
$d=0.01$ g				

六、思考题

(1)实训室中称量药品常用的仪器有哪些？什么情况下用直接法称量？什么情况下用递减法称量？

(2)递减称量法(差减法)倒出 1 g 左右的称量物，应如何操作？如何掌握倒出的量约是 1 g？

(3)用差减法称取试样，若称量瓶内的试样吸湿，将对称量结果造成什么误差？若试样倾倒入烧杯内以后再吸湿，对称量是否有影响？

项目四　溶液的配制和稀释

一、实训目的

(1)学习并熟练掌握容量瓶、移液管(吸量管)的操作方法。

(2)掌握一定浓度溶液所需溶质的计算方法,熟悉溶液的配制过程。

(3)掌握溶液稀释的方法、计算和操作方法。

二、实训原理

1. 溶液的浓度

溶液浓度的表达方式很多,常用的有以下几种。

(1)物质的量浓度。

溶液中溶质B的物质的量浓度是指溶质B的物质的量除以溶液的体积,用符号 c_B 表示,即

$$c_B = \frac{n_{溶质}}{v_{溶液}}$$

物质的量浓度的单位为 $mol \cdot m^{-3}$;常用单位为 $mol \cdot L^{-1}$。

(2) 质量分数和体积分数。

质量分数,表示溶液中溶质 B 的质量占全部溶液的质量的百分数,用符号 w_B 表示,即

$$w_B = \frac{m_{溶质}}{m_{溶液}} \times 100\%$$

体积分数,表示溶液中溶质 B 的体积占全部溶液的体积的百分数,用符号 w_B 表示,即

$$\varphi_B = \frac{v_{溶质}}{v_{溶液}} \times 100\%$$

(3) 摩尔分数。

溶质B的物质的量与混合物总的物质的量之比,称为溶质B的摩尔分数,其数学表达式为

$$x_B = \frac{n_B}{n}$$

对于一个两组分的溶液体系来说,溶质 B 的物质的量分数 x_B 为

$$x_B = \frac{n_B}{n_A + n_B}$$

(4) 质量摩尔浓度。

1 kg溶剂 A 中所含溶质B的物质的量,溶质B的物质的量除以溶剂 A 的质量,称为溶质B的质量摩尔浓度。其数学表达式为

$$b_B = \frac{n_{B,溶质}}{m_{A,溶剂}}$$

常用单位为 $mol \cdot kg^{-1}$。

2. 溶液的配制

在化学上,将化学试剂和溶剂(一般是水)配制成实训需要浓度的溶液的过程就叫作溶液

的配制。

溶液的配制，无论是粗配还是准确配制一定体积、一定浓度的溶液，都包括计算、溶解、转移、洗涤、定容、摇匀几个过程，其中药品溶解应在烧杯内进行（少量药品的溶解可在试管内），不能直接在量筒或容量瓶内溶解，以免由于溶解时的热量变化引起仪器破裂。

常见的溶液配制方法有以下三种。

1）直接水溶法：易溶于水而不发生水解的固体试剂，如 NaOH，KNO_3，NaCl 等，配制其溶液，按要求称取一定量固体放入烧杯中，加少量蒸馏水，搅拌溶解后稀释到所需体积，转入试剂瓶中。

2）稀释法：液态试剂，如 HCl，H_2SO_4，HAc 等，配制其溶液，按要求量取一定量浓溶液，加适量蒸馏水稀释到所需体积。注意：配制硫酸溶液应在不断搅拌下将浓 H_2SO_4 缓慢倒入盛水容器中。

3）介质水溶法：易水解的固体试剂，如 $FeCl_3$，$BiCl_3$，$SbCl_3$ 等，配制其溶液，按要求称取一定量固体放入烧杯中，加适量一定浓度的酸（或碱）使之溶解，再用蒸馏水稀释到所需体积，转入试剂瓶中。

注意：一些见光易分解或易发生氧化还原反应的溶液，要防止在保存期内失效。如 Sn^{2+} 及 Fe^{2+} 溶液应分别放入一些 Sn 粒和 Fe 屑。$AgNO_3$，$KMnO_4$，KI 等溶液应储存于干净的棕色瓶中。容易发生化学腐蚀的溶液应保存在合适的容器中。

3. 溶液的保存原则

1）经常并大量用的溶液，可先配制浓度约大 10 倍的储备液，使用时储备液稀释 10 倍即可。

2）易侵蚀或腐蚀玻璃的溶液，不能盛放在玻璃瓶内，如含氟的盐类（如 NaF，NH_4F，NH_4HF_2）、苛性碱等，应保存在聚乙烯塑料瓶中。

3）易挥发、易分解的试剂及溶液，如 I_2，$KMnO_4$，H_2O_2，$AgNO_3$，$H_2C_2O_4$，$Na_2S_2O_3$，$TiCl_3$，氨水，溴水，CCl_4，$CHCl_3$，丙酮，乙醚，乙醇等溶液及有机溶剂等均应存放在棕色瓶中，密封放在避光阴凉的地方，避免光的照射。

4）配制溶液时，要合理选择试剂的级别，不许超规格使用试剂，以免造成浪费。

5）配好的溶液盛放装在试剂瓶中，贴好标签，注明溶液的浓度、名称以及配制的日期。

4. 容量瓶的使用方法

（1）容量瓶简介。

容量瓶是用于准确配制一定体积、一定浓度溶液的玻璃器皿，为细颈梨形平底瓶，带有磨口玻璃塞或塑料塞。在其颈部有标线，表示在指定温度下，当溶液弯月液面与标线相切时，溶液体积等于瓶上所标明的体积。常用的有 5 mL，10 mL，25 mL，50 mL，l00 mL，250 mL，500 mL和 1 000mL 等规格。

（2）容量瓶的使用方法。

1）检漏。容量瓶使用前应先检查是否漏水，即在瓶中加水至标线，盖紧瓶塞，左手按住瓶塞，右手拿住瓶底，将瓶倒立 10s 左右，观察有无渗水。旋转瓶塞 180°，再同样检查一次。因磨口塞与瓶是配套的，与其他瓶塞错换后也会引起漏水，所以检漏合格后用细线将瓶塞系在瓶颈上。

2）洗涤。依次用铬酸洗液、自来水洗净，用蒸馏水润洗，使内壁不挂水珠。

3）操作方法。用固体物质配制标准溶液时，先将准确称取的固体物质于小烧杯中溶解后，再将溶液转移至容量瓶中。在转移溶液时，方法如图 4－2 所示，把玻璃棒伸入容量瓶中引流，烧杯嘴紧贴玻璃棒，倾斜烧杯使溶液慢慢沿玻璃棒流入。玻璃棒的下端要紧靠瓶颈内壁，但不可离瓶口太近，以免溶液溢出上端。倾倒完溶液后，将烧杯沿玻璃棒轻轻上提，同时将烧杯直立，使烧杯嘴上所附溶液回到烧杯中。再用洗瓶以少量蒸馏水洗涤烧杯三四次，每次洗出液都要同样转入容量瓶中。加蒸馏水至容量瓶约 2/3 体积时，旋摇容量瓶使溶液初步混合（切勿倒转容量瓶），以减少体积效应。然后继续加水，接近标线时改用胶头滴管逐滴加水至弯月面恰好与标线相切。盖紧瓶塞，以左手手指压住瓶盖，右手指尖托住瓶底（尽量减少手与瓶身的接触，以免体温对溶液的影响），将瓶倒转并摇动，静置10 s再倒转过来，使气泡上升到顶。如此反复操作，使溶液充分混合均匀。

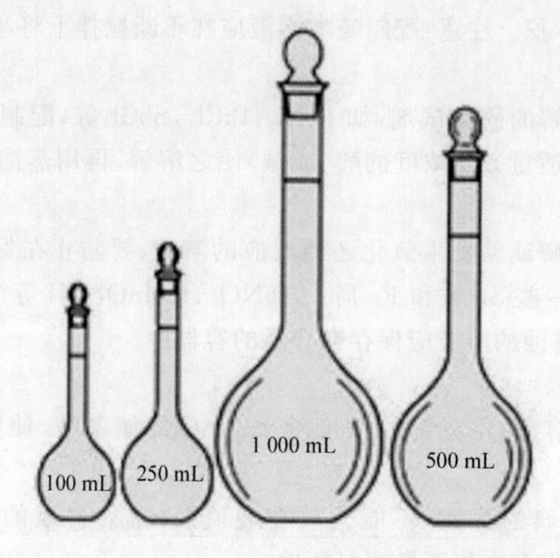

图 4－1　常用规格的容量瓶

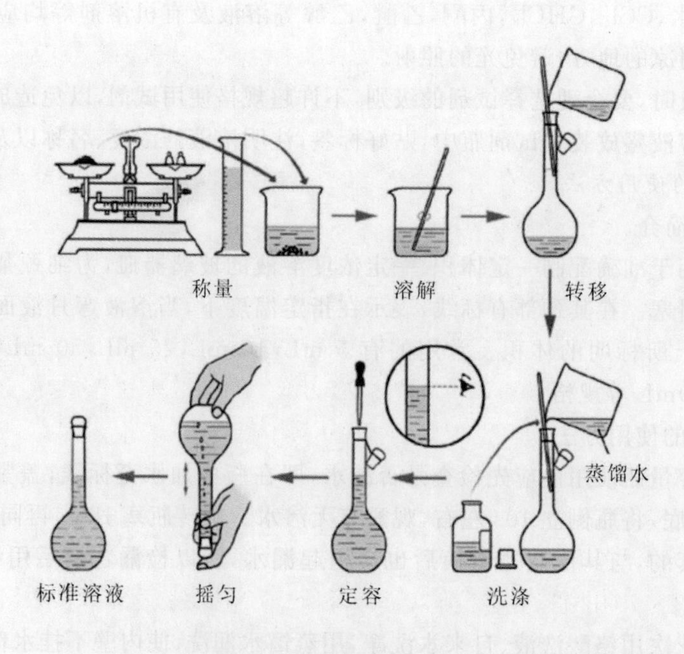

图 4－2　容量瓶的使用

(3)注意事项。

如果所溶解的固体是易溶的且溶解时不产生很大的热效应,也可将称好的固体小心地全部转移到容量瓶中,再加溶剂按上法配制。浓溶液稀释时,则需用移液管吸取一定体积的浓溶液移入瓶中,按上法配制。

热溶液则应冷至室温后,才能稀释至标线,否则会造成体积误差。需要避光的物质的溶液应用棕色容量瓶配制。配好的溶液如需长时间保存,应转移到磨口试剂瓶中。容量瓶长时间不用时,应洗净后,在瓶塞与瓶身之间垫上纸片,以防止时间长了塞子无法打开。

5. 移液管与吸量管

(1)移液管与吸量管简介。

要求准确地移取一定体积的液体时,可以使用移液管或吸量管。移液管是中间有一膨大部分(称为球部)的玻璃管(见图 4-3(a)),球部上下均为较细的管颈,管颈上部刻有标线,在标明的温度下,当吸取溶液至弯月面与标线相切时,让溶液自然放出,此时所放出溶液的体积即等于管上所标的体积。常用的移液管有 5 mL,10 mL,25 mL 和 50 mL 等规格。吸量管是具有分刻度的玻璃管(见图 4-3(b)),它一般只用于量取小体积的溶液。常用的吸量管有 1 mL,2 mL,5 mL,10 mL 等规格。吸量管吸取溶液的准确度不如移液管。移液管和吸量管在使用前应洗涤至内壁不挂水珠,以免影响所量液体的体积。

(2)移液管与吸量管的使用方法。

1)洗涤:干净移液管与吸量管内壁不应挂水珠或者挂水珠均匀,否则说明管内不干净,可以用肥皂水与铬酸洗液清洗内壁,将洗液吸入移液管内,浸泡 2～3 min(若太脏时加时浸泡),浸泡完毕后,将洗液倒回洗液瓶内,然后用自来水冲洗移液管内壁若干遍,直至水无色,最后再用蒸馏水清洗 2～3 遍。

2)移液管和吸量管的润洗:移取溶液前,可用滤纸将洗干净的管的尖端内外的水除去,然后用待吸溶液润洗三次。方法:左手拿吸耳球,将食指和拇指放在吸耳球的上方,其余手指自然地握住吸耳球,用右手拇指及中指拿住移液管的标线以上部位,无名指及小指辅助拿住移液管,将吸耳球对准移液管管口,将管尖伸入到溶液中吸取,待溶液吸至球部的 1/4 处(勿使溶液流回,以免稀释溶液)时,用右手食指按住管口,放下吸耳球,调移液管至水平,左、右两手的拇指和食指分别拿住管的上、下两端,转动移液管使溶液布满全管,然后直立,将溶液从尖口放出。如此反复润洗三次。润洗的目的是使管的内壁及有关部位与待吸溶液处于同一体系浓度状态。吸量管的润洗操作与此相同。

3)移取溶液时,将移液管下端插入待吸溶液液面下 1～2 cm。管尖不应伸入太深,以免外壁沾有过多液体;也不应伸入太浅,以免液面下降时吸空。吸液时,应注意容器中液面和管尖的位置,应使管尖随液面下降而下降。当吸耳球慢慢放松时,管中的液面徐徐上升,当液面上升至标线以上时,迅速移去吸耳球。与此同时,用右手食指堵住管口,左手改拿盛待吸液的容器。

然后,将移液管往上提起,使之离开液面,并将管的下部原伸入溶液的部分沿待吸液容器内部轻转两圈,以除去管壁上的溶液。然后使容器倾斜成约 45°,使内壁与移液管尖紧贴,此时右手食指微微松动,大拇指和食指轻轻转动移液管使液面缓慢下降,直到视线平视时弯月面与标线相切,这时立即用食指按紧管口。移开待吸液容器,左手改拿接收溶液的容器,并将接收容器倾斜,使内壁紧贴移液管尖,成 45°左右夹角。然后放松右手食指,使溶液自然地顺壁流下。待液面下降到管尖后,等 15 s 左右,移开移液管。这时尚可见管尖部位仍留有少量溶液，对此，除特别注明“吹”字的以外，一般此管尖部位留存的溶液是不能吹入接收容器中的，因为在工厂生产检定移液管时是没有把这部分体积算进去的，操作如图 4-4 所示。

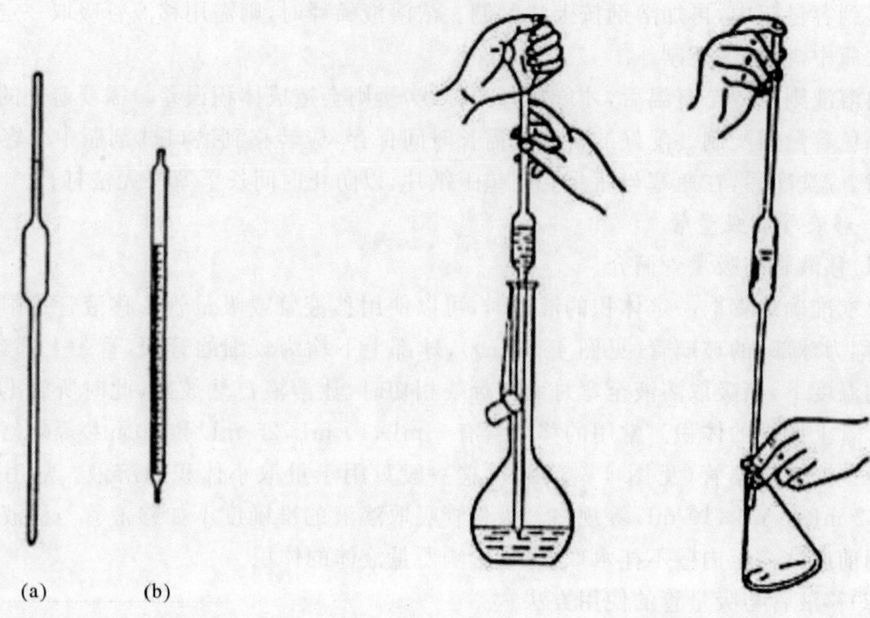

图 4-3　移液管和吸量管　　　　图 4-4　移液管的使用

吸量管的用法与移液管基本相同。使用吸量管时，通常是使液面从它的最高刻度降至另一刻度，使两刻度间的体积恰为所需的体积。在同一实训中尽可能使用同一吸量管的同一部位，且尽可能用上面部位，而不用末端收缩部位。移液管和吸量管用毕，应立即洗净，放在管架上。

三、仪器和试剂

仪器：移液管、吸量管、容量瓶、胶头滴管、烧杯、称量纸、量筒。

试剂：氢氧化钠、碳酸钠、浓盐酸。

四、实训内容

(1)学习移液管和吸量管的使用。

洗涤并润洗移液管和吸量管，选择合适的玻璃仪器，用量筒、移液管或吸量管分别取 1.00 mL，1.10 mL，5.50 mL，10.00 mL，25.00 mL 水，倒入烧杯备用。

(2)配制 50 mL 质量分数为 10%的 NaOH 溶液。

1)计算出配制 50 mL NaOH 溶液时所需 NaOH 质量，在电子天平上准确称取所需的 NaOH(不能在称量纸上称)。

2)用少量煮沸并冷却后的蒸馏水迅速洗涤所称 NaOH 2～3 次，以除去 NaOH 表面上少量的$NaCO_3$，弃掉。加 50 mL 水溶解余下的固体 NaOH，即得所需的溶液。

(3)配制 250 mL 0.90 mol/L 的碳酸钠溶液。

1)准确计算出配制 250 mL 0.90 mol/L 碳酸钠溶液时所需碳酸钠质量，并准备 250 mL 的容量瓶备用。

2)用电子天平准确称取所需质量的碳酸钠，置于 50 mL 烧杯中，加入少量水搅拌，待固体完全溶解后，沿玻璃棒将溶液定量转移至容量瓶中，然后用洗瓶冲洗烧杯内壁和玻璃棒 5 次以上，再次按同样的方法将洗涤液转移至容量瓶中。

3)加水稀释，当溶液达到容量瓶的 2/3 左右时，将容量瓶水平方向摇转几周(勿倒转)，使溶液大致混匀。然后，把容量瓶平放在桌子上，缓慢加水到距标线 2～3 cm，等待 1～2 min，使粘附在瓶颈内壁的溶液流下，眼睛平视标线，改用胶头滴管加水至溶液凹液面底部与标线相切。立即盖好瓶塞，用左手的食指顶住瓶塞，右手的手指托住瓶底(对于容积小于 100 mL 的容量瓶，不必托住瓶底)，随后将容量瓶倒转，使气泡上升到顶部，再倒转过来，如此反复 10 次以上，才能混合均匀。

(4)配制 250 mL 0.10 $mol \cdot L^{-1}$ 的稀盐酸溶液。

1)计算配制稀盐酸溶液时所需的 12 $mol \cdot L^{-1}$ 的浓盐酸的体积，选择合适的吸量管(移液管)。

2)用量筒量 50 mL 蒸馏水，倒入 100 mL 烧杯，用吸量管(移液管)吸取 1)中计算的所需浓盐酸的体积移入烧杯中，边加入边搅拌，将溶液放至室温，转移至 250 mL 容量瓶，定容，即得所需的溶液，贴上标签，备用。

五、数据记录

(1)氢氧化钠质量________g。

(2)氯化钠质量________g。

(3)浓硫酸体积________mL。

六、思考题

(1)实训室中量取液体药品常用的仪器有哪些？

(2)如何正确使用移液管、吸量管？怎样洗涤移液管？为什么水洗净后的移液管在使用前还要用吸取的溶液来润洗？

(3)为什么氢氧化钠不能在称量纸上称？

(4)用容量瓶配制溶液时，要不要把容量瓶干燥？要不要用被稀释溶液洗 3 遍？为什么？

项目五　粗盐的提纯

一、实训目的

(1)掌握提纯粗盐的原理和方法。

(2)掌握加热、溶解、沉淀、常压过滤、减压过滤、蒸发浓缩、结晶和干燥等基本操作。

(3)掌握食盐中 Ca^{2+},Mg^{2+} 和 $SO_4{}^{2-}$ 的定性鉴定。

二、实训原理

1. 实训原理

粗盐中含有 Ca^{2+},Mg^{2+},K^+,$SO_4{}^{2-}$ 等可溶性杂质和泥沙等不溶性杂质。要得到较纯净的食盐可用重结晶的方法,方法要点是将粗盐溶于水后,过滤除去不溶性杂质;可溶性杂质则用化学方法,加沉淀剂使之转化为难溶沉淀物,再用过滤的方法除去。通常先在粗盐溶液中加入过量的 $BaCl_2$ 溶液生成 $BaSO_4$ 沉淀而除去 $SO_4{}^{2-}$,即:$Ba^{2+}+SO_4{}^{2-}=\!=\!=BaSO_4(s)$。然后在溶液中加入饱和 Na_2CO_3 溶液,除去 Ca^{2+},Mg^{2+} 和过量的 Ba^{2+},即

$$Mg^{2+}+CO_3{}^{2-}=\!=\!=MgCO_3(s)$$

$$Ca^{2+}+CO_3{}^{2-}=\!=\!=CaCO_3(s)$$

$$Ba^{2+}+CO_3{}^{2-}=\!=\!=BaCO_3(s)$$

过量的 Na_2CO_3 溶液用 6 mol/L HCl 溶液中和,粗盐中的 K^+ 与这些沉淀剂都不反应,仍留在溶液中。因为 KCl 的溶解度大于 NaCl,而且其含量又较少,所以将 NaCl 溶液加热蒸发浓缩成过饱和溶液时,冷却后析出食盐,K^+ 未达到饱和仍留在母液中,经减压抽滤即可得到较纯净的食盐。

实训中注意事项包括:溶解粗盐不能用过多的去离子水,以防蒸发浓缩时间过长;用普通漏斗过滤时尽量趁热过滤;用布氏漏斗减压抽滤时,可用双层滤纸以防止滤纸抽破;最后用电炉小火烘干产品,应烘炒至无白烟冒出。

2. 普通过滤

过滤是分离固体与液体(或结晶与母液)的一种方法。通常用漏斗和滤纸进行过滤。常用的玻璃漏斗其锥体为 60°,滤纸一般裁为圆形。

过滤时选择大小合适的圆形滤纸,沿直径对折,使其圆边重合,再把半圆对折,折成 90°角,如图 5-1 所示。

打开滤纸成圆锥形,尖端朝下放入漏斗中,使滤纸紧贴漏斗壁,用左手食指按住滤纸并以蒸馏水润湿之。再小心地用食指按压滤纸,赶走留在滤纸与漏斗壁之间的气泡(目的是增加过滤速度)。

在过滤时应注意以下三点。

1)漏斗放在铁架台的铁圈上,漏斗颈的下端要紧贴在接受容器的内壁上,使滤液沿器壁流下而不致飞溅。

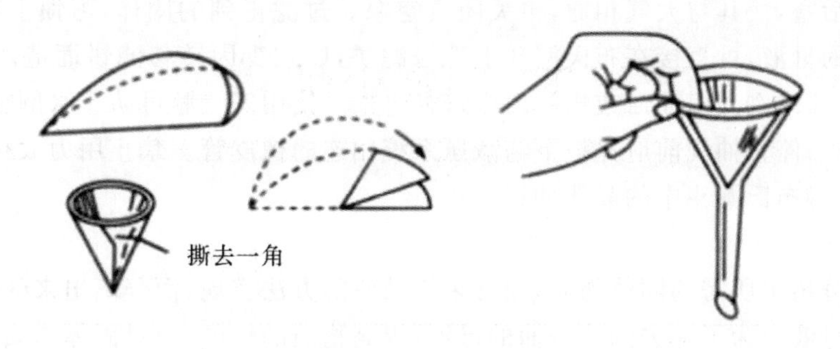

图 5-1　玻璃漏斗

2)往过滤漏斗中转移液体时要用玻璃棒接引,玻璃棒下端靠在三层滤纸处,以防液流把滤纸冲破。倾液时烧杯尖嘴要紧贴玻璃棒,每次倾液完了应将烧杯沿玻璃棒上提,并使烧杯壁与玻璃棒几乎平行后再离开,这样做可以防止液体流到烧杯外壁。

3)过滤时应先以倾斜法转移上层清液,然后再转移沉淀,这样做可以减少沉淀堵塞滤纸孔隙的机会,缩短过滤时间。倾入漏斗中的液体,其液面必须低于滤纸斗的上沿。

3. 减压过滤

减压过滤是指将与过滤漏斗密闭连接的接收瓶中抽成真空,过滤表面的两面产生压力差,使过滤能加速进行的一种过程。减压过滤是一种在实训室和工业生产上广泛应用的操作技术。

减压过滤装置主要由减压系统、安全瓶、过滤装置与抽滤瓶组成。减压系统一般由真空泵组成。用布氏漏斗过滤,接收容器为抽滤瓶。减压过滤装置如图 5-2 所示。

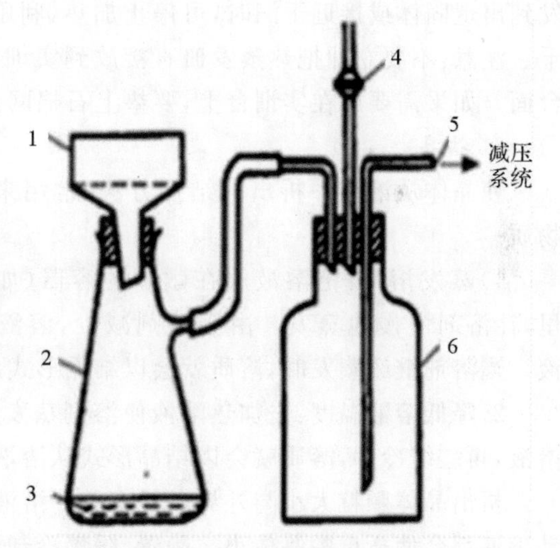

图 5-2　减压过滤装置

1—布氏漏斗;2—抽滤瓶;3—热滤瓶;
4—放空阀;5—真空泵接口;6—安全瓶

瓷质的布氏漏斗,通过橡皮塞与抽滤瓶相连,漏斗下端斜口正对抽滤瓶支管,抽滤瓶的支管套上较耐压的橡皮管,与安全瓶相连,再与水泵连接。布氏漏斗内的滤纸直径应比布氏漏斗的内径小一些,但能完全覆盖住所有滤孔;不能采用比布氏漏斗内径大的圆形滤纸,这样滤纸的周边会皱褶,不可能全部紧贴器壁与滤板面,使待过滤的溶液会不经过滤纸而流入抽滤瓶内。在用橡皮管相互连接时,应选用厚壁橡皮管,以使抽气时管子不会压扁,抽滤瓶与安全瓶都应固定在铁架台上,以防止操作时不慎碰翻,造成损失。由于在进行减压操作时,抽滤瓶与安全瓶均要承受压力,不能用薄壁器皿作为安全瓶,器孔的外观上不能有伤痕或裂缝。

减压过滤操作过程。在布氏漏斗中铺一张比漏斗底部略小的圆形滤纸,过滤前先用溶剂湿润滤纸,打开真空泵,关闭安全瓶活塞,抽气,使滤纸紧贴在漏斗上,将要过滤的混合物分批倒入布氏漏斗中,使固体均匀分布在整个滤纸面上,用少量滤液将粘附在容器壁上的结晶洗出。继续抽气,并用玻璃棒挤压晶体,尽量除去母液。当布氏漏斗下端不再滴出溶液时,慢慢旋开安全瓶的活塞，使其与大气相通，再关闭真空泵。过滤得到的固体，习惯上称滤饼。为了除去结晶表面的母液，可直接在布氏漏斗上洗涤滤饼，以减少因转移滤饼而造成的产品损失。最后，把洗净的滤饼倒入表面皿或培养皿中进行干燥。使用安全瓶可防止水倒吸入抽滤瓶内，在不用安全瓶时，停止抽气前应先拔下与减压系统相连的橡皮管。禁止用力太猛，以免因空气突然急剧冲入，将布氏漏斗中的晶体冲出。

4. 洗涤

从溶液中分离出所需的固体物质，通常采用抽滤的方法实现，而分离出来的固体物质表面总附着少量的母液。为了除去固体表面的母液，提高物质的纯度，应对固体物质进行洗涤。洗涤可以直接在布氏漏斗上进行。洗涤方法是，用少量干净溶剂均匀洒在滤饼上，并用玻璃棒或刮刀轻轻翻动固体物质，使全部固体物质刚好被溶剂浸润(不要使滤纸松动)，打开真空泵，关闭安全瓶活塞，抽去溶剂，重复操作 2 次，就可以把滤饼洗净。最后用玻璃钉或玻璃塞将滤饼压紧，尽量抽干溶剂。

5. 蒸发

浓缩或蒸干溶液均可使用蒸发的方法，蒸发可在烧杯或蒸发皿中进行。给蒸发皿中的溶液加热，一般是将蒸发皿放在铁架台的铁圈上。蒸发皿可用坩埚钳夹持，用火焰直接加热(见图 5-3)。蒸发皿中溶液浓缩后，要用玻璃棒不断搅拌，以防局部过热而发生迸溅(必要时应撤火或改用小火)。当蒸发到出现固体或接近干涸时，可停止加热，利用余热使水分蒸干。注意：不要立即把热蒸发皿直接放到实训台上，以免烫坏台面。如果需要放在实训台上，要垫上石棉网。

图 5-3　蒸发结晶

6. 结晶

使晶体从溶液中析出的结晶方法，常用来分离提纯固体物质。

1)蒸发溶剂：把溶液放在敞口的容器(如蒸发皿、烧杯)里，让溶剂慢慢地蒸发。由于溶剂减少，溶液渐变为饱和溶液。当溶剂继续蒸发时，溶质就会以结晶形式从溶液中析出。

2)降低溶液温度：先加热溶液使溶剂蒸发，成为热的饱和溶液，再缓缓冷却，溶质就会以结晶形式从溶液中析出。

析出晶体颗粒大小与外界条件有关。溶液中溶质质量分数大，溶质溶解度小，降温快、搅动溶液都会使析出的晶体小。静置、缓慢冷却或溶剂自然蒸发都有利于大晶体生成。

7. 电热恒温水浴锅

电热恒温水浴锅用来蒸发和恒温加热，是常用的电热设备，有 2，4，6 孔不同的规格(见图 5-4)。电热恒温水浴锅由电热恒温水浴槽和电器箱两部分构成。水浴槽是带有保温夹层的水槽，槽底隔板下装有电热管及感温管，提供热量和传感水温。槽面为同心圈和温度计插孔的盖板。电器箱面板上装有工作指示灯(红灯表示加热，绿灯表示恒温)、调温旋钮和电源开关等。

电热恒温水浴锅使用时先往电热恒温水浴锅内注入清洁的水到适当的深度，然后接通电源。开启电源开关后，红灯亮表示电热管开始工作。调节温度旋钮到适当位置。待水温升至预控制温度约差 2℃时(通过温度计观察)，即可反向转动温度调市旋钮至红灯刚好熄灭，绿灯切换变亮,这时表示恒温控制器发生作用,此后稍微调整温度旋钮就可以达到恒定的水温。

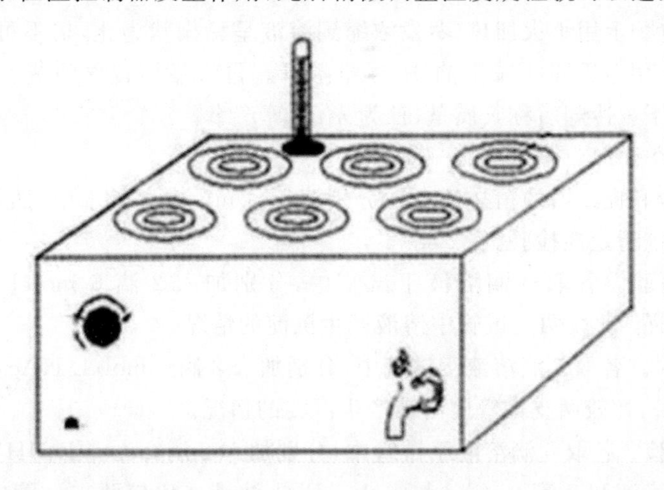

图 5-4　电热恒温水浴锅

使用电热恒温水浴锅时要注意爱护。一是必须要先加水再通电,水位不能低于电热管。二是电器箱不能受潮,以防漏电损坏。三是水浴恒温的试样不要散落在电热恒温水浴锅内,如果不小心撒入,要立即停电,及时清洗水槽,以免腐蚀。较长时间不用水浴锅要倒掉槽内的水,用干净的布擦干后保存。四是水槽有渗漏要及时维修。

三、仪器和试剂

仪器:电子天平,普通漏斗,布氏漏斗,真空泵,烧杯,水浴锅。

试剂:HCl,HAc,氯化钡,饱和碳酸钠溶液,粗盐。

四、实训内容

1. 粗食盐的提纯

1)粗食盐的称量和溶解。

在台秤上称取 5g 左右的粗食盐,其质量记为 m_0,放入 100 mL 烧杯中,加 25 mL 去离子水,加热、搅拌使食盐溶解(不溶性杂质沉于底部)。

2)除去 SO_4^{2-}。

加热食盐水溶液至煮沸,边搅拌边逐滴加入约 2 mL 1 mol/L $BaCl_2$ 溶液。继续加热 5min,使沉淀小颗粒长成大颗粒而易于沉降。将烧杯从石棉网上取下,待沉淀沉降后,在上层清液中再滴入 1 滴 $BaCl_2$ 溶液,如清液变浑浊,则要继续加 $BaCl_2$ 溶液以除去剩余的 SO_4^{2-}。如清液不变浑浊,证明 SO_4^{2-} 已除尽。再用小火加热 3～5 min,以使沉淀颗粒进一步长大而便于过滤。用普通漏斗过滤,保留滤液,弃去沉淀。

3)除去 Mg^{2+},Ca^{2+} 和 Ba^{2+}。

将所得滤液加热至近沸,边搅拌边逐滴加入约 3 mL 饱和的 Na_2CO_3 溶液,按上述方法检验 Mg^{2+},Ca^{2+} 和 Ba^{2+} 是否除尽,继续用小火加热煮沸 5 min,用普通漏斗过滤,保留滤液,弃去沉淀。

4)除去过量的 CO_3^{2-}。

将滤液加热搅拌,再逐滴加入 6 mol/L HCl 溶液,中和至溶液呈微酸性(pH=4～5)。

5)浓缩、结晶、减压过滤和干燥。

将溶液放在电炉上用小火加热,蒸发浓缩到溶液呈稀糊状为止,切不可将溶液蒸干,将浓缩液冷却至室温。用布氏漏斗减压抽滤,尽量抽干。再将晶体转移到蒸发皿中,放在石棉网上,用电炉小火烘干。冷却后称其质量,计为 m,计算产率。

2. 产品纯度的检验

1)称取粗食盐和提纯后的精盐各 1 g,分别溶于 5 mL 去离子水中,然后各分装于两支试管中,对下列离子进行定性检验。

2)SO_4^{2-} 的检验。各取 5 滴溶液于试管中,分别加入 2 滴 6 mol/L HCl 溶液和 2 滴 1 mol/L $BaCl_2$溶液。比较两支试管中溶液产生沉淀的情况。

3)Ca^{2+} 的检验。各取 5 滴溶液于试管中,分别加入 2 滴 6 mol/L HAc 溶液和 2 滴饱和的 $(NH_4)_2C_2O_4$溶液。比较两支试管中溶液产生沉淀的情况。

4)Mg^{2+} 的检验。各取 5 滴溶液于试管中,分别加入 2 滴 2 mol/L $NH_3 \cdot H_2O$ 溶液、2 滴 1 mol/L NH_4Cl 溶液和 2 滴 0.1 mol/L Na_2HPO_4溶液。比较两支试管中溶液产生沉淀的情况。

五、数据处理

$$产率=\frac{m}{m_0}\times 100\%$$

六、思考题

(1)检验产品纯度时,能否用自来水溶解食盐?为什么?

(2)本实训为什么要先加入 $BaCl_2$溶液,再加入饱和的 Na_2CO_3溶液,最后加入盐酸溶液?能否改变这样的加入次序?

(3)蒸发前为什么要用盐酸将溶液调至 pH=4~5?调至中性或弱碱性行吗?

(4)蒸发浓缩时能否把溶液蒸干?为什么?

项目六　溶液 pH 的测量和 pH 计的使用

一、实训目的

(1)掌握 pH 概念及测量原理。

(2)学习并掌握 pH 计的使用操作规程和要求。

(3)学习并掌握 pH 试纸使用方法和要求。

二、实训原理

pH 值是水溶液最重要的理化参数之一。凡涉及水溶液的自然现象、化学变化以及生产过程都与 pH 值有关,因此,在工业、农业、医学、环保和科研领域都需要测量 pH 值。

水的 pH 值是水中氢离子活度 a_{H^+} 的负对数值,表示为

$$pH=-\lg a_{H^+}$$

pH 值有时也称氢离子指数,由于氢离子活度的数值往往很小,在应用上很不方便,所以就用 pH 值这一概念来作为水溶液酸性、碱性的判断指标。而且,氢离子活度的负对数值能够表示出酸性、碱性的变化幅度的数量级的大小,这样应用起来就十分方便,并由此得到(在 25℃下):中性水溶液,pH=7;碱性水溶液,pH>7;酸性水溶液,pH<7。pH 值越小,表示酸性越强;pH 值越大,表示碱性越强。如图 6-1 所示。

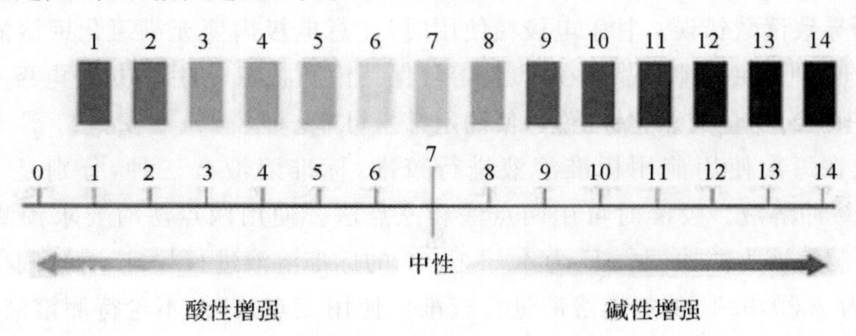

图 6-1　溶液酸碱性

溶液 pH 值测量方法很多,常用的有以下几种。

(1)化学分析法。

在待测溶液中加入 pH 指示剂,不同的指示剂根据不同的 pH 值会变化颜色,根据指示剂的颜色就可以确定 pH 的范围。

(2)试纸法。

pH 试纸有广泛试纸和精密试纸,用玻璃棒蘸取少量溶液滴到试纸上,然后根据试纸的颜色变化,对照标准比色卡可以得到溶液的 pH(见图 6-2)。pH 试纸不能够显示出油分的

图 6-2　pH 试纸

pH 值，因为 pH 试纸以氢离子来量度待测溶液的 pH 值，但油中没含有氢离子，所以 pH 试纸不能够显示出油分的 pH 值。

(3)电位分析法。

电位分析法所用的电极被称为原电池。原电池是一个系统，它的作用是使化学反应能量转成为电能。此电池的电压被称为电动势(EMF)。此电动势(EMF)由两个半电池构成，其中一个半电池称作测量电极，它的电位与特定的离子活度有关，如 H^+；另一个半电池为参比半电池，通常称作参比电极，它一般与测量溶液相通，并且与测量仪表相连。

参比电极的基本功能是维持一个恒定的电位，作为测量各种偏离电位的对照。银-氯化银电极是目前 pH 中最常用的参比电极。玻璃电极的功能是建立一个对所测量溶液的氢离子活度发生变化做出反应的电位差。把对 pH 敏感的电极和参比电极放在同一溶液中，就组成一个原电池，该电池的电位是玻璃电极和参比电极电位的代数和。$E_{电池}=E_{参比}+E_{玻璃}$，如果温度恒定，这个电池的电位随待测溶液的 pH 变化而变化，而测量酸度计中的电池产生的电位是困难的，因其电动势非常小，且电路的阻抗又非常大(1～100 MΩ)；因此，必须把信号放大，使其足以推动标准毫伏表或毫安表。电流计的功能就是将原电池的电位放大若干倍，放大了的信号通过电表显示出，电表指针偏转的程度表示其推动的信号的强度，为了使用上的需要，pH 电流表的表盘刻有相应的 pH 数值；而数字式 pH 计则直接以数字显出 pH 值。

玻璃电极在初次使用前，必须在蒸馏水中浸泡一昼夜以上，平时也应浸泡在饱和氯化钾溶液中以备随时使用。玻璃电极不要与强吸水溶剂接触太久，在强碱溶液中使用应尽快操作，用毕立即用水洗净，玻璃电极球泡膜很薄，不能与玻璃杯及硬物相碰；玻璃膜沾上油污时，应先用酒精、四氯化碳或乙醚，最后用酒精浸泡，再用蒸馏水洗净。如测定含蛋白质溶液的 pH 时，电极表面被蛋白质污染，导致读数不可靠，也不稳定，出现误差，这时可将电极浸泡在稀 HCl(0.1 mol/L)中 4～6 min 来矫正。电极清洗后只能用滤纸轻轻吸干，切勿用织物擦抹，这会使电极产生静电荷而导致读数错误。甘汞电极在使用时，注意电极内要充满氯化钾溶液，应无气泡，防止断路。应有少许氯化钾结晶存在，以使溶液保持饱和状态，使用时拨去电极上顶端的橡皮塞，从毛细管中流出少量的氯化钾溶液，使测定结果可靠。

玻璃电极在每次使用前用标准溶液进行校准，标准溶液有三种，分别是 pH 为 4.01，7.00，9.21 的缓冲溶液。校准时可用两点法和三点法。使用两点法时要求预测待测溶液的 pH，若预测待测溶液为酸性，取 pH 为 4.01，7.00 的标准溶液进行校准，若预测待测溶液为碱性，则取 pH 为 7.00，9.21 的标准溶液进行校准。使用三点法时，不论待测溶液的酸碱，同时取 pH 为 4.01，7.00，9.21 的标准溶液进行校准。

pH 测定的准确性取决于标准缓冲液的准确性。酸度计用的标准缓冲液，要求有较大的稳定性，较小的温度依赖性。

该法测量溶液 pH 值要借助于仪器，该仪器为 pH 计，是一种测定溶液 pH 值的仪器，它通过 pH 选择电极(如玻璃电极)来测定出溶液的 pH，可以精确到小数点后两位。

本实训主要学习试纸法和电位分析法测量溶液 pH 值。

三、仪器和试剂

仪器：METTLER TOLEDO FE20pH 计、烧杯、pH 试纸、滤纸。

试剂：pH 为 4.01，7.00，9.21 标准缓冲溶液，1# 样品(0.5%盐酸溶液)，2# 样品(0.1%氢氧化钠溶液)，3# 样品(现场水样)。

四、实训内容

1. 试纸法测量溶液 pH

选择 $1^{\#}$ 样品，用玻璃棒蘸取少量溶液，将其滴在 pH 试纸上，观察试纸上颜色变化，显色后和比色卡对比，读取溶液 pH 值并记录。

按照同样的方法分别测量 $2^{\#}$，$3^{\#}$ 样品的 pH 值并记录。

2. 电位分析法测量溶液 pH

(1)仪器准备。

阅读仪器使用说明书，接通电源，安装电极。长按开/关键 3 s 打开/关闭仪表，打开仪器。

(2)校准——三点法。

先用去离子水冲洗电极上的氯化钾溶液，用滤纸将电极上的水分吸干，将电极浸入 pH 值为 4.01 的标准溶液中，按校准键进行第一点校准，轻轻摇动电极，使电极所接触的溶液均匀，待读数稳定时，出现校准图标，按退出键退出校准。清洗电极，用滤纸吸干水分后，浸入 pH 值为 7.00 的标准溶液，按校准键进行第二点校准，读数稳定后，按退出键退出校准。清洗电极，用滤纸吸干水分后，浸入 pH 值为 9.21 的标准溶液，按校准键进行第三点校准，读数稳定后，按退出键退出校准。

(3)测量。

清洗电极，用滤纸吸干水分后，浸入 $1^{\#}$ 样品，按读数键测量溶液 pH 值，待读数稳定后按测量键，读出溶液 pH 值并记录。平行测量三次并记录。用同样的方法分别测量 $2^{\#}$，$3^{\#}$ 样品的 pH 值并记录。

五、数据处理

将测得的数据记录在表 6－1 中。

表 6－1　pH 值记录

项　目	$1^{\#}$			$2^{\#}$			$3^{\#}$		
pH 试纸									
pH 计									

六、思考题

(1)试说明 pH 计读数盘上各图标的作用。

(2)简单介绍 pH 计和 pH 试纸在用途上的区别。

项目七　影响化学反应速率的因素

一、实训目的

(1)了解影响化学反应速率的外部因素,并初步了解如何调控化学反应的快慢。

(2)通过探究活动,培养观察、记录实训现象及设计简单实训的能力,进一步理解科学探究的意义,学习科学探究的方法。

(3)亲身体验探究的喜悦,从而培养实事求是的科学态度和积极探索的科学精神以及学习化学的兴趣。

(4)了解与反应速率相关的观察与测量方法,培养归纳和总结知识的能力。

二、实训原理

化学反应是破坏旧化学键,形成新化学键的过程。不同化学键,键能不同,键的牢固程度不同,所以不同物质之间的化学反应发生的难易不同,反应速率也不同;而对同一化学反应来说,浓度、温度和催化剂等条件对化学反应速率的影响也不一样。

影响化学反应速率的主要因素是反应物的性质,是内在因素,是不能通过人为原因改变这个因素的。但是,一个反应确定之后,我们可以在尊重其客观规律的基础上通过改变外界条件来改变这个反应的速率,使它按着我们所需要的速率进行。

影响化学反应速率因素的探究方法主要是控制变量法,控制变量法(或叫作参照法)指对于特定反应,只改变一个外界条件(温度、浓度、催化剂或接触面),其他条件不变,通过测定化学反应速率变化判断该条件对化学反应速率的影响规律。

影响化学反应速率的因素一共包括四个方面,分别是浓度、温度、压力和催化剂,本次实训考察了浓度、温度、催化剂对化学反应速率的影响。

碘酸钾(KIO_3)可氧化亚硫酸氢钠,而本身被还原,其反应如下:

$$2\ KIO_3 + 5\ NaHSO_3 = Na_2SO_4 + 3NaHSO_4 + K_2SO_4 + I_2 + H_2O$$

反应中生成的碘可使淀粉变为蓝色。如果在溶液中预先加入淀粉作指示剂,则淀粉变蓝所需时间(t) 的长短,即可用来表示反应速率的快慢。时间 t 和反应速率成反比。

三、仪器和试剂

仪器:秒表(有秒针)1 只,温度计(100℃)2 支,100 mL,400 mL 的烧杯各 5 个,50 mL 量筒 2 只,电炉。

试剂:MnO_2,KIO_3,$NaHSO_3$,淀粉,H_2O_2。

四、实训内容

1. 试剂准备

1)0.05 mol・L^{-1} KIO_3溶液：称取 10.7 g 分析纯 KIO_3晶体溶于 1L 水中。

2)0.05 mol・L^{-1} $NaHSO_3$溶液：称取 5.2g 分析纯 $NaHSO_3$和 5g 可溶性淀粉，配制成 1L 溶液。配制时先用少量水将 5g 淀粉调成浆状，然后倒入 100～200 mL 沸水中，煮沸，冷却后加入 $NaHSO_3$溶液，然后加水稀释到 1L。

3)质量分数为 3%的 H_2O_2溶液。

2. 化学反应速率的影响

1)浓度对反应速率的影响(需两人合作)。

在 100 mL 小烧杯中加入 10 mL $NaHSO_3$和 20 mL 水，搅拌均匀。一人用 10 mL 量筒准确量取 5 mL 0.05 mol・L^{-1} KIO_3溶液，将量筒中的 KIO_3溶液迅速倒入盛有 $NaHSO_3$溶液的小烧杯中，另一人打开秒表，并用玻璃棒搅拌溶液，观察溶液颜色变化，当溶液变蓝时停止秒表，记录溶液变蓝所需的时间。

用同样的方法，分别量取 13 mL，16 mL，19 mL$NaHSO_3$ 溶液和 20 mL 水，加入 5 mL 0.05 mol・L^{-1} KIO_3溶液进行试验，记录溶液变蓝所需的时间。

2)温度对反应速率的影响(需两人合作)。

准备好秒表和搅拌棒，在 100 mL 小烧杯中分别加入 10 mL $NaHSO_3$和 20 mL 水，在试管中量取 5 mL KIO_3溶液，加热，使其温度为 30℃，一人将 KIO_3溶液倒入 $NaHSO_3$溶液中，另一人打开秒表，并用玻璃棒搅拌溶液，观察溶液颜色变化，当溶液变蓝时停止秒表，记录溶液变蓝所需的时间。

按照同样的方法分别测量 35℃，40℃，45℃时溶液变蓝所需的时间。

注意：水浴可用 400 mL 烧杯，加适量水，用电炉小火加热，控制温度高出要测定的温度约 10℃，不宜过高。如果试验温度低于室温，用冰浴来代替热水浴温度，记录淀粉变蓝时间并与室温时淀粉变蓝时间作比较。

3)催化剂对反应速率的影响。

H_2O_2溶液在常温下能分解而放出氧，但分解很慢，如果加入催化剂(二氧化锰、活性炭等)，则反应速率立刻加快。在试管中加入 3 mL 质量分数为 3%的 H_2O_2溶液，观察是否有气泡产生。用药匙加入少量 MnO_2，观察气泡产生的情况，试证明放出的气体是氧气。

五、数据记录与处理

(1)浓度对反应速率的影响(见表 7-1)。

表 7-1　数据记录

序号	V_{NaHSO_3} /mL	V_{KIO_3} /mL	变蓝时间 / s
1			
2			
3			
4			

(2)温度对反应速率的影响(见表 7-2)。

表 7-2　数据记录

温度 / ℃	序号			
	1	2	3	4
30				
35				
40				
45				

六、思考题

(1)反应物的浓度和反应温度对化学反应速率有何影响？简单分析二者之间的区别。

(2)催化剂对化学反应速率有何影响？如何证明氧气的生成？

项目八　酸式滴定管的使用和盐酸标准溶液的标定

一、实训目的

(1)掌握酸式滴定管的规范操作,进一步练习减量称量法。

(2)学习盐酸标准溶液的配制和标定方法。

(3)掌握标定盐酸的基准物质及原理。

(4)熟悉甲基红-溴甲酚绿混合指示剂的使用和滴定终点的判断。

二、实训原理

1. 标准溶液的配制

已知准确浓度的溶液称为标准溶液。在化学实训中,标准溶液的浓度用 $mol \cdot L^{-1}$ 表示。标准溶液的配制方法主要分直接法和间接法两种。

(1)直接法。

用分析天平准确称取一定量的基准试剂于烧杯中,加入适量的去离子水溶解后,转入容量瓶,再用去离子水稀释至刻度,摇匀,即成为准确浓度的标准溶液。其准确浓度可由称量数据及稀释体积求得。例如,需配制 500 mL 浓度为 0.010 0 $mol \cdot L^{-1}$ $K_2Cr_2O_7$ 溶液,应在分析天平上准确称取基准物质 $K_2Cr_2O_7$ 1.470 9 g,加少量水使之溶解,定量转入 500 mL 容量瓶中,加水稀释至刻度。

(2)间接法(标定法)。

不符合基准试剂条件的物质,不能直接配制成准确浓度的标准溶液,可先配制成溶液,然后选择基准试剂或已知准确浓度的溶液对其进行标定。标定是准确测定标准溶液浓度的操作过程。间接法配制的标准溶液浓度是近似浓度,其准确浓度需要进行标定。

2. 盐酸溶液标定

标定 HCl 标准溶液的基准物质有:无水碳酸钠、硼砂($Na_2B_4O_7 \cdot 10H_2O$)等,这两种物质比较,硼砂更好些,因为它摩尔质量比较大。硼砂标定 HCl 的反应式为

$$Na_2B_4O_7 + 2HCl + 5H_2O \longrightarrow 4H_3BO_3 + 2NaCl$$

由于硼砂在空气中易失去部分结晶水而风化,因此应保存在相对湿度在 60% 的干燥器中。本实训采用无水 Na_2CO_3 标定 HCl(由于 Na_2CO_3 易吸水,应在马弗炉中于 300℃灼烧 2h 并于干燥器中冷却至室温,并保存于干燥器中),其反应式为

$$Na_2CO_3 + 2HCl \longrightarrow 2NaCl + H_2O + CO_2$$

达到终点时溶液 pH 为 3.8~3.9,可选用甲基橙或甲基红-溴甲酚绿混合指示剂。当甲基橙指示剂由黄色变为橙红色时,到达滴定终点;甲基红-溴甲酚绿混合指示剂由绿色经灰色过渡色,变为暗红色时,到达滴定终点。

3. 酸式滴定管

(1)酸式滴定管的简介。

滴定管是滴定时用来准确测量标准溶液体积的量器，它是一种细长，内径大小均匀，下端缩小的玻璃管，具有精密的刻度。管的下端带有磨口玻璃活塞。管内装的液体由此玻璃尖嘴放出。常量分析最常用滴定管的容量为50 mL，在滴定管上部离管口不远的地方有一表示零的标线，自零向下将玻璃管分成50等份（单位为mL），每毫升间又分成10等分（单位0.1 mL），最小刻度间可估计读出0.01 mL，因此，读数读到小数点后两位，如0.05 mL，22.08 mL等，一般读数误差为0.02 mL。滴定管除无色的外，还有棕色滴定管，用于装见光易分解的溶液（如高锰酸钾溶液等），常在高锰酸钾滴定法中使用。滴定管还有容积为25 mL，10 mL，5 mL等。半微量滴定管总容积10 mL，最小刻度0.05 mL，一般附有自动加液漏斗。微量滴定管，总容积1 mL，2 mL或5 mL，最小刻度0.005 mL或0.01 mL，附有自动加液漏斗。

如图8-1所示，酸式滴定管用玻璃活塞控制流速，用于盛装酸性溶液或强氧化剂液体（如$KMnO_4$溶液），不可装碱性溶液。

图8-1　酸式滴定管

(2)酸式滴定管的使用。

1)酸式滴定管的预处理。

a. 洗涤：若无明显油污，可用洗涤剂溶液荡洗；若有明显油污，可用铬酸溶液洗。加入5～10 mL洗液，边转动边将滴定管放平，并将滴定管口对着洗液瓶口，以防洗液洒出。洗净后将一部分洗液从管口放回原瓶，最后打开活塞，将剩余的洗液放回原瓶，必要时可加满洗液浸泡一段时间。用各种洗涤剂清洗后，都必须用自来水充分洗净，并将管外壁擦干，以便观察内壁是否挂水珠。若挂水珠说明未洗干净，必须重洗。

b. 涂油：取下活塞上的橡皮圈，取出活塞，用吸水纸将活塞和活塞套擦干，将滴定管放平，以防管内水再次进入活塞套。用食指蘸取少许凡士林，在活塞的两端各涂一薄层凡士林，如图8-2(a)所示。也可以将凡士林涂抹在活塞的大头上，另用纸卷或火柴梗将凡士林涂抹在活塞套的小口内侧，如图8-2(b)所示。将活塞插入活塞套内，按紧并向同一方向转动活塞，直到活塞和活塞套上的凡士林全部透明为止。套上橡皮圈，以防活塞脱落打碎，如图8-2(c)所示。

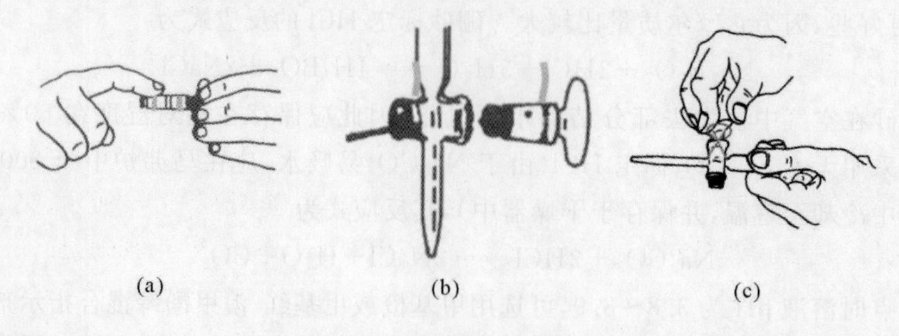

图8-2　旋塞的涂脂

c.检漏：用自来水充满滴定管，夹在滴定管夹上直立 2 min，仔细观察有无水滴滴下或从缝隙渗出。然后将活塞转动 180°，再如前法检查。如有漏水现象，必须重新涂油。

d.蒸馏水润洗滴定管：涂油合格后，用蒸馏水润洗滴定管 3 次，每次用量 5～8 mL。润洗时，双手持滴定管两端无刻度处，边转动边倾斜，使水布满全管并轻轻振荡。然后直立，打开活塞，将水放掉，同时冲洗出口管。

2)酸式滴定管的使用方法。

a.溶液的装入。

①用欲装溶液将滴定管润洗 3 次(洗法与用蒸馏水润洗相同)。

②装液：装液时用左手三指拿住滴定管上部，滴定管可以稍微倾斜以便接受溶液；右手拿住试剂瓶直接往滴定管中倒溶液，小瓶可以手握瓶肚(标签向手心)拿起来慢慢倒入，大瓶可以放在桌上，手拿瓶颈，使溶液慢慢顺滴定管壁流下，直到溶液充满到零刻度以上为止。用干净布或吸水纸擦干管外的水。

③赶气泡：右手拿住上部，使滴定管倾斜 30°，左手迅速打开活塞，让溶液冲出，将气泡带走。

④调零：赶走气泡后，观察滴定管中液面，调整液面在 0～1 mL 处，记录此时滴定管读数，并将滴定管固定在滴定台上。

b.滴定管的读数。

手拿滴定管上部无刻度处，使滴定管保持垂直。无色或浅色溶液，读弯月面下缘最低点的数值，且眼睛与此最低点在同一水平上，如图 8－3 所示。若溶液颜色太深(如 $KMnO_4$ 溶液、I_2 溶液等)，可读液面两侧的最高点。常量滴定管读数必须读至小数点后第二位。

c.酸式滴定管的操作方法。

左手无名指和小指向手心方向半弯曲，轻轻贴在尖嘴左侧。拇指在活塞柄的靠近操作者一侧，食指和中指在活塞柄的另一侧，在转动活塞的同时，中指和食指应稍微弯曲，轻轻往手心方向用力，防止活塞松脱，造成漏液，如图 8－4 所示。同时，手心成拳状，不能靠着活塞小头，以防推动活塞，使液体漏出。

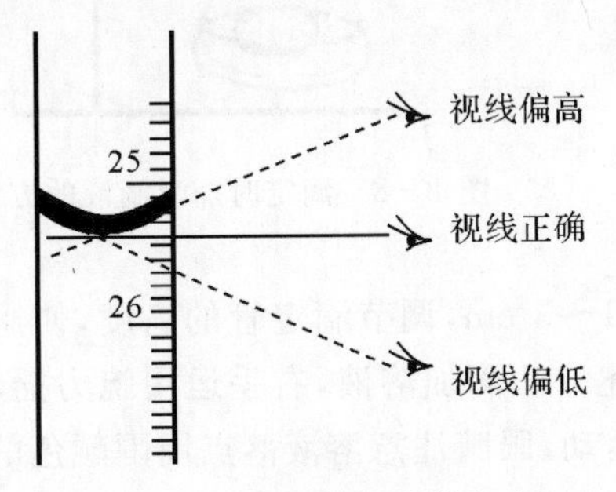

图 8－3　滴定管的读数方法

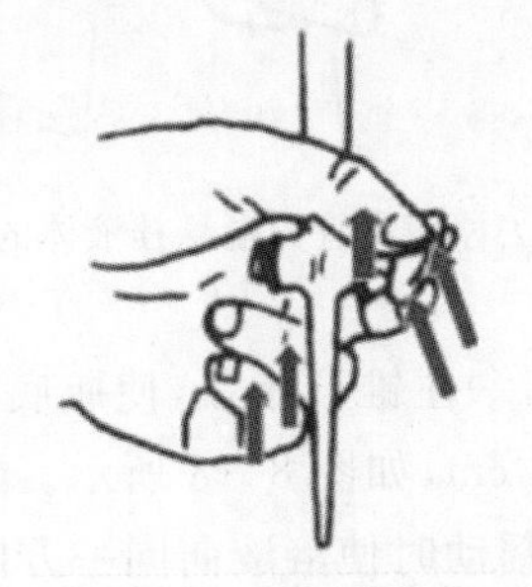

图 8－4　滴定管的操作方法

酸式滴定管必须掌握下面 3 种加液方法：逐滴连续滴加，如图 8－5(a)所示；只加一滴，如图 8－5(b)所示；使液滴悬而未落，用锥瓶内壁沾下，用蒸馏水冲下，然后摇匀，加入了半滴，如图 8－6 所示。

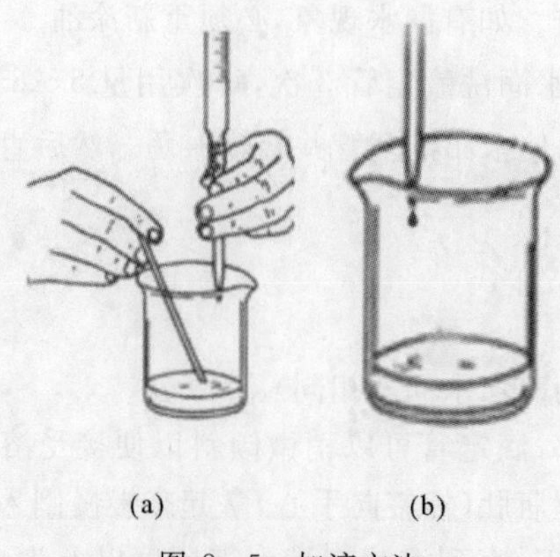

图 8-5 加液方法

(a) 逐滴连续滴加;(b) 只加一滴

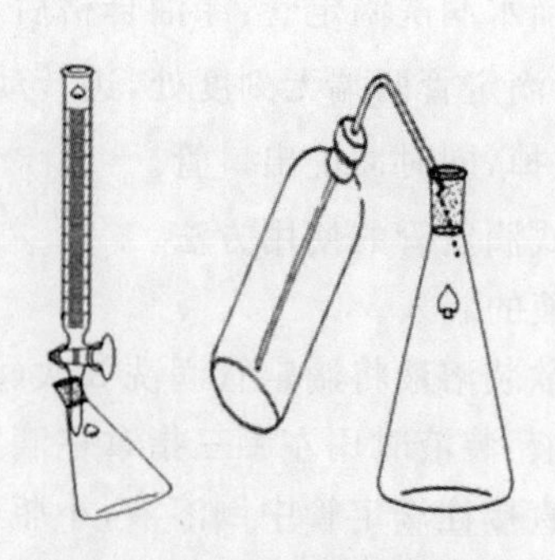

图 8-6 加半滴液的方法

滴定前应观察滴定管尖端是否悬挂液滴,若有,应用锥形瓶外壁沾下。滴定时一般用左手握滴定管,如图 8-7 所示。

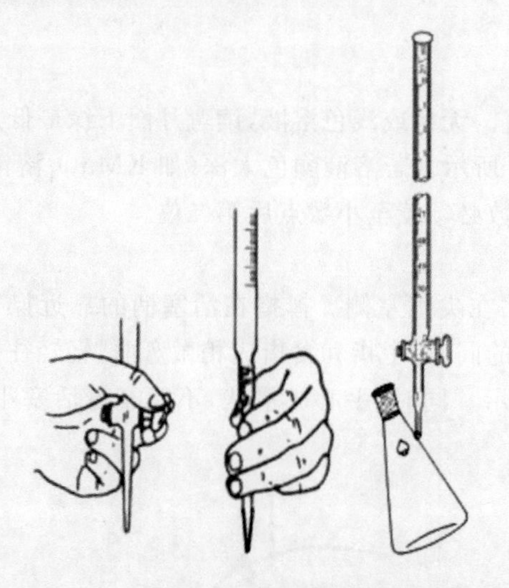

图 8-7 去掉滴定管尖端悬挂液体的方法

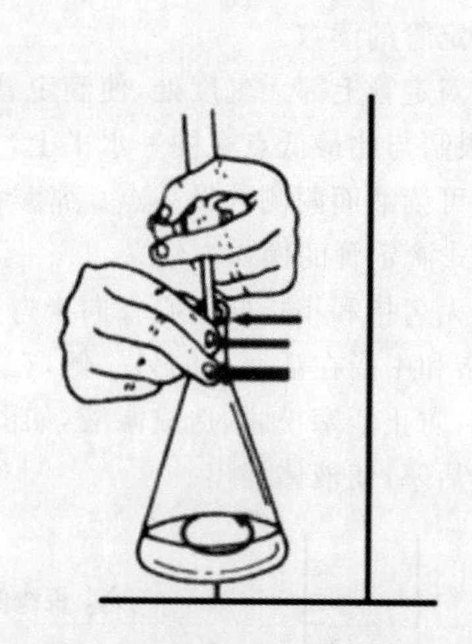

图 8-8 滴定时加半滴液的方法

右手前三指拿住锥形瓶颈,使瓶底离滴定台 1～3 cm,调节滴定管的高度,使滴定管的下端伸入瓶口约 1 cm,如图 8-8 所示。左手按上述方法滴加溶液,右手运用腕力摇动锥形瓶,边滴加边摇动,摇动时使溶液向同一方向作圆周运动,眼睛注意溶液落点周围颜色的变化。开始时,滴定速度可稍快些,但不能流成“水线”。接近终点时,应改为加一滴、摇几下。最后,每加半滴即摇动锥形瓶,直至溶液变色,且 30 s 不改变时即为终点。

三、仪器和试剂

仪器:酸式滴定管、锥形瓶、移液管、容量瓶、胶头滴管、烧杯。

试剂:无水碳酸钠(基准物质),甲基红-溴甲酚绿混合指示剂,0.2 mol·L^{-1} HCl 溶液。

四、实训内容

1. 0.02 mol·L^{-1}盐酸标准溶液的配制

(1)计算配制 500 mL,0.2 mol·L^{-1}盐酸标准溶液需要浓盐酸体积。

(2)用洁净量筒量取计算的浓盐酸体积倒入烧杯中,用水稀释,然后转移至 500 mL 容量瓶中,用蒸馏水稀释放置室温,定容,摇匀,贴标签(浓度、日期、班级、姓名)。

(3)用移液管移取 25 mL 0.2 mol/L HCl 标准溶液于 250 mL 的容量瓶中,定容,该盐酸溶液浓度即为 0.02 mol·L^{-1}。

2. 准备滴定管

(1)准备酸式滴定管。

(2)用自来水代替溶液,练习酸式滴定管排气泡和滴定操作,包括连续滴加和半滴加法。

(3)将 0.02 mol·L^{-1}的盐酸标准溶液装入酸式滴定管,排气泡、调零,记录此时滴定管读数,待用。

3. 0.02 mol·L^{-1}盐酸标准溶液的标定

(1)在 250 mL 锥形瓶中用减量法准确称取无水碳酸钠 0.026 0～0.031 0 g(准确至 0.000 1 g),用移液管移取 25 mL 蒸馏水,摇匀,使其溶解,加甲基红-溴甲酚绿指示剂 4～5 滴。

(2)用 0.02 mol·L^{-1}盐酸标准溶液滴定,直至终点,读取消耗的盐酸溶液的体积,记录。平行实验 3～4 次,同时做一份空白实验。

计算盐酸标准溶液浓度和相对平均偏差,要求相对平均偏差不大于 0.2%。

五、数据记录与处理

1. 数据记录(见表 8-1)

表 8-1　数据记录

项　目	1#	2#	3#	空白
$m_{Na_2CO_3}$/g				—
HCl 的体积初读/mL				
HCl 的体积终读/mL				
标定消耗 HCl 的体积 V/ mL				
c_{HCl}/(mol·L^{-1})				—
$\bar{c}_{HCl}$/(mol·L^{-1})				
相对平均偏差/(%)				

2. 数据处理

(1)盐酸浓度计算公式。

$$c(\mathrm{HCl})=\frac{m}{52.99\times(V-V_0)}$$

式中　c(HCl) —— 盐酸标准滴定溶液的实际浓度, mol·L^{-1};

m—— 基准无水碳酸钠的质量；

V—— 标定消耗盐酸溶液的体积，L；

V_0—— 空白试验消耗盐酸溶液的体积，L；

52.99 —— $\frac{1}{2}Na_2CO_3$ 摩尔质量，$g \cdot mol^{-1}$。

(2) 相对平均偏差计算公式。

$$相对平均偏差(\%)=\frac{\frac{|c_1-\bar{c}|+|c_2-\bar{c}|+|c_3-\bar{c}|}{3}}{\bar{c}}\times 100\%$$

六、思考题

(1)加入 25 mL 蒸馏水需要准确量取吗？应用哪种玻璃仪器？

(2)如果碳酸钠吸有少量水分，测得的盐酸标准溶液浓度是偏高还是偏低？

项目九　工业氢氧化钠质量分数的测定

一、实训目的

(1)进一步掌握酸式滴定管的使用和盐酸标准溶液的标定方法。

(2)掌握工业氢氧化钠的测定原理和方法。

(3)进一步掌握差减称量法和溶液的配制。

(4)学习酚酞指示剂的使用及滴定终点的判断。

二、实训原理

1. 氢氧化钠含量的测定

试样溶液中先加入氯化钡，则碳酸钠转化为碳酸钡沉淀，然后以酚酞为指示剂，用盐酸标准溶液滴定至终点。反应如下：

$$Na_2CO_3 + BaCl_2 = BaCO_3 \downarrow + 2NaCl$$

$$NaOH + HCl = NaCl + H_2O$$

2. 氢氧化钠和碳酸钠的含量

试样溶液以溴钾酚绿-甲基红混合指示剂为指示剂，用盐酸标准溶液滴定至终点，测得氢氧化钠和碳酸钠总和，再减去氢氧化钠含量，则可测得碳酸钠含量。

注意事项：

(1)用差量法快速称量氢氧化钠，尽量避免其吸收空气中的水蒸气和二氧化碳。

(2)滴定接近终点时，要缓慢滴定。每滴一滴，摇动锥形瓶，使之充分反应后再滴下一滴。

3. 指示剂的选择

(1)氢氧化钠含量测定中指示剂的选择。

盐酸标准溶液与氢氧化钠完全中和，以酚酞(pH 值为8.0～9.6)为指示剂，用盐酸标准溶液滴定至终点时，碳酸钡有可能与盐酸标准滴定溶液起反应：

$$BaCO_3 + 2HCl = BaCl_2 + H_2O + CO_2$$

极有可能使氢氧化钠含量的测定结果偏高，而碳酸钠含量的测定结果偏低。也有可能使测定氢氧化钠含量的盐酸标准溶液用量几乎与测定碳酸钠和氢氧化钠总量所用的盐酸标准溶液用量相等，导致无法测得碳酸钠的含量。因此，若指示剂的变色范围宽，易导致测定结果的误差增大。有资料显示，采用甲酚红和百里酚蓝混合指示剂，由于变色范围窄，在 pH 值为8.3(樱桃色)时变色敏锐，可获得较好的分析结果。

(2)碳酸钠含量测定中指示剂的选择。

由于滴定产物是 H_2CO_3(H_2O+CO_2)，其饱和溶液的浓度约为 0.04 mol/L，此时溶液的 pH 值为 3.9，选择甲基橙指示剂时，由于其变色是逐步、缓慢地由黄色变为红色，变色范围宽，终点难以判断。采用溴甲酚绿-甲基红(pH 值约为 5.1)指示剂变色范围较窄,颜色变化也更敏锐,更宜观察,且与盐酸标准溶液的标定相同,可减少测定误差。

(3)CO_2的影响及处理。

测定碳酸钠含量时,它的溶液常因 CO_2 的存在而形成过饱和溶液,滴定过程中生成的 H_2CO_3只能慢慢转变为 CO_2,导致溶液的酸度略增,终点将提前,因此,采取在滴定终点附近剧烈地摇动溶液,可降低 CO_2对终点观察的影响。

4. 终点的选择

(1)滴定速度要"成点不成线"。

(2)在滴定过程中,眼睛要注视锥形瓶溶液颜色的变化。当溶液出现局部红色时,预示接近滴定终点,这时要注意控制滴定速度,具体做法是:每滴一滴旋摇几下,待红色消失才滴入第二滴。如果经旋摇后红色消失很慢,则预示滴定终点马上就要到来,这时要半滴半滴加入,具体做法是:旋转活塞,使溶液悬挂在滴定管尖嘴上,将锥形瓶内壁与尖嘴轻轻接触,使溶液靠入瓶中再用蒸馏水冲下,摇匀。

(3)终点颜色为很浅很浅的红色(半分钟内不消失),可用白色物为底衬(例如白大褂),只要能看出微红色就是终点。

三、仪器和试剂

仪器:电子天平、酸式滴定管、移液管、容量瓶、胶头滴管等。

试剂:氢氧化钠、无水碳酸钠(基准物质)、氯化钡、盐酸、酚酞指示剂、甲基红-溴甲酚绿混合指示剂。

四、实训内容

1. 溶液的准备

(1)$BaCl_2$(10g/L)溶液的配制。

称取 2.5 g $BaCl_2$,溶解,在 250 mL 容量瓶中定容,使用前,以酚酞为指示剂,用氢氧化钠标准溶液调至为微红色。

(2)0.1 mol/L 的盐酸标准溶液的配制与标定。

按照项目八的方法,配制和标定盐酸标准溶液,并计算其浓度。

(3)试样溶液的制备。

用减量法,准确迅速称取固体氢氧化钠 2.5 g(精准至 0.000 1 g)于干燥的烧杯中,迅速溶解并转移到 250 mL 容量瓶中,冷却至室温后稀释至刻度,摇匀。

2. 氢氧化钠质量分数测定

准确移取 25.0 mL 试样溶液到锥形瓶中,加入 5 mL 氯化钡溶液(10 g/L),摇匀。滴 2～3 滴酚酞指示剂(10 g/L),用已标定的盐酸标准溶液滴定至溶液呈微红色即为终点。平行实验 3 次,同时做空白实验。

五、数据记录与处理

1. 数据记录(见表 9-1 和表 9-2)。

表 9－1　盐酸标准液标定

项　目	$1^{\#}$	$2^{\#}$	$3^{\#}$	空白
$m_{Na_2CO_3}$/g				—
HCl 的体积初读/ mL				
HCl 的体积终读/ mL				
标定消耗 HCl 的体积 V/ mL				
c_{HCl}/(mol·L^{-1})				—
$\bar{c}_{HCl}$/(mol·L^{-1})				
相对平均偏差/(%)				

表 9－2　氢氧化钠质量分数测定

项　目	$1^{\#}$	$2^{\#}$	$3^{\#}$	空白
m_{NaOH}/g				—
HCl的体积初读/ mL				
HCl的体积终读/ mL				
标定消耗 HCl的体积 V/ mL				
NaOH 的质量分数/(%)				—
NaOH 的质量分数平均值/(%)				

2. 数据处理

(1)氢氧化钠(NaOH)的质量分数 W_{NaOH} 按下式计算：

$$W_{NaOH}=\frac{\bar{c}V\times0.040}{m\times\frac{25}{250}}\times100\%$$

式中　$\bar{c}$—— 盐酸标准溶液的平均浓度，mol/L；

V—— 盐酸标准溶液的体积，mL；

m——NaOH 的质量，g；

0.040—— 氢氧化钠的毫摩尔质量，g/mmol。

六、思考题

(1)在测定 NaOH 质量分数时如何选择指示剂？

(2)若称取 NaOH 时用时较长，对结果会产生什么影响？

项目十　碱式滴定管的使用和氢氧化钠标准溶液的标定

一、实训目的

(1)学习并掌握碱式滴定管的规范操作,进一步练习减量称量法。

(2)学习氢氧化钠标准溶液的配制和标定方法。

(3)掌握标定氢氧化钠的基准物质及原理。

(4)熟悉酚酞指示剂的使用和滴定终点的判断。

二、实训原理

1. 氢氧化钠标准溶液的标定

氢氧化钠在空气中会吸水潮解,易和空气中的二氧化碳反应生成碳酸钠。它的标准溶液要用间接法配制。

标定氢氧化钠的基准试剂有草酸和邻苯二甲酸氢钾等。本实训采用邻苯二甲酸氢钾,它与氢氧化钠的反应为

$$C_6H_4(COOH)(COOK) + NaOH \longrightarrow C_6H_4(COONa)(COOK) + H_2O$$

到达化学计量点时,溶液呈弱碱性,可用酚酞做指示剂。当溶液颜色由无色变为粉红色时到达终点。记录消耗氢氧化钠标准溶液的体积,根据邻苯二甲酸氢钾的质量即可计算氢氧化钠浓度。

2. 碱式滴定管

(1)碱式滴定管简介。

碱式滴定管(见图 10-1)的下端连一橡皮管,管内装有玻璃珠以控制溶液的流出,橡皮管下面再接一尖嘴玻璃管。碱式滴定管用来装碱性及无氧化性溶液,凡是酸性或具有氧化性等与橡皮起反应的溶液(如高锰酸钾、碘等溶液),都不能装入碱式滴定管中。

(2)碱式滴定管的使用。

1)洗涤、润洗、检漏装液同项目八。

2)排气泡:装好标准溶液后,必须把滴定管下端的气泡赶出,否则在滴定过程中气泡逸出,影响溶液体积准确测量,引起读数误差。对于碱式滴定管,不管在玻璃尖嘴处是否看到有气泡,排气泡这项程序必须进行(气泡可能隐藏在橡皮管内看不见),具体做法是:先将滴定管倾斜,将橡皮管向上弯曲,并使管嘴向上(管嘴应高于橡皮管上部),然后捏挤玻璃珠侧面,让溶液从尖嘴冲

图 10-1　碱式滴定管

出，将气泡带走（见图 10 - 2）。

3）调零：排出气泡后，调节液面在 0～1 mL 处，并记下初始读数。调零后滴定管用滴定管夹垂直地固定在滴定台上。

4）滴定：将装有被测定溶液的锥形瓶放在滴定管下，滴定管尖嘴高于锥瓶口 2～3 cm 为宜。滴定前如果滴定嘴上悬挂有液滴，应事先用滤纸轻轻吸去，以免产生误差。

使用碱式滴定管时，左手拇指在前，食指在后，捏住橡皮管中的玻璃珠所在部位稍上一点处，向右侧捏挤橡皮管，使橡皮管和玻璃珠之间形成一条缝隙（见图 10 - 3），溶液即可流出。但注意不能捏挤橡皮管中玻璃珠所在部位的下方，否则空气进入形成气泡。其余三指固定玻璃尖嘴使之垂直。滴定时，左手控制溶液流量，右手旋摇锥形瓶，边滴边摇，使瓶内溶液混合均匀，反应进行完全。

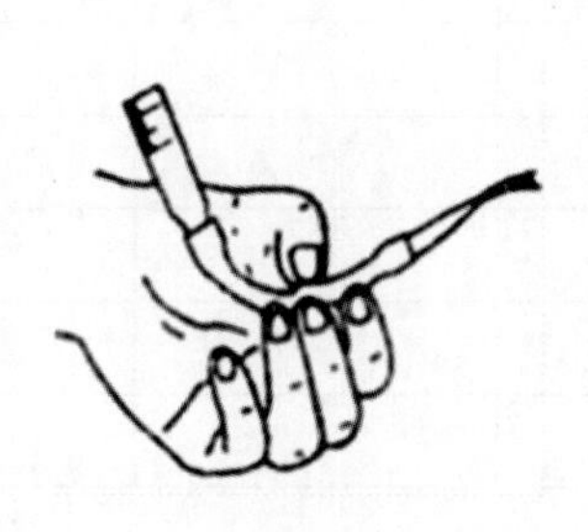

图 10 - 2　排气泡操作

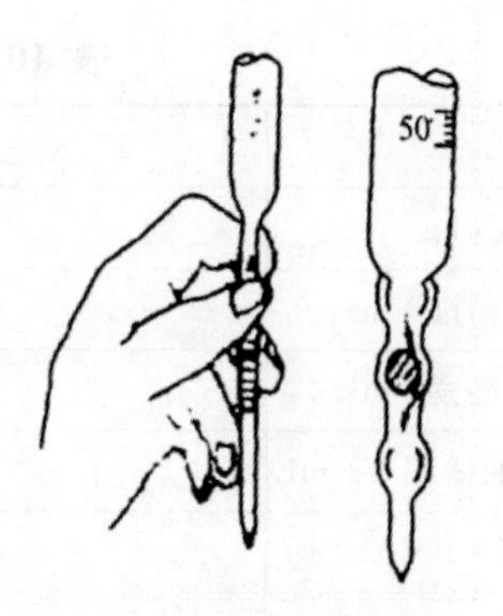

图 10 - 3　碱式滴定管操作

5）读数：同项目八。

注意事项：

1）玻璃珠的大小要适中，过大了，滴定时溶液流出比较困难，操作费劲；过小了，溶液容易漏出。

2）装标准溶液时要直接从试剂瓶倒入滴定管，不要经过其他器皿（如烧杯、漏斗等），以免在转移过程中玷污溶液或使溶液浓度发生变化。

三、仪器和试剂

仪器：碱式滴定管、锥形瓶、洗瓶。

试剂：氢氧化钠、邻苯二甲酸氢钾、酚酞指示剂。

四、实训内容

1. 0.02 mol·L^{-1}氢氧化钠标准溶液的配制

（1）计算配制 500 mL 0.02 mol·L^{-1}氢氧化钠标准溶液需要氢氧化钠的质量。

（2）在小烧杯中用差减法快速称取计算好的氢氧化钠的质量，加适量水溶解，转移至 500 mL容量瓶中，定容。

2. 准备滴定管

（1）准备碱式滴定管。

（2）用自来水代替溶液，练习碱式滴定管排气泡和滴定操作，包括连续滴加和半滴加法。

(3)将 0.02 mol・L^{-1}的氢氧化钠标准溶液装入碱式滴定管,排气泡、调零,记录此时滴定管读数,待用。

3. 0.02 mol・L^{-1}氢氧化钠标准溶液的标定

(1)在 250 mL 锥形瓶中用减量法准确称取邻苯二甲酸氢钾 0.026 0~0.031 0 g(准确至 0.000 1 g),用移液管移取 25 mL 蒸馏水,摇匀,使其溶解,加酚酞指示剂 1~2 滴。

(2)用 0.02 mol・L^{-1}氢氧化钠标准溶液滴定,直至颜色由无变色为红色,即为终点,读取消耗的氢氧化钠溶液的体积,记录。平行实验 3~4 次,同时做一份空白实验。

计算氢氧化钠标准溶液浓度和相对平均偏差,要求相对平均偏差不大于 0.2%。

五、数据记录与处理(见表 10-1)

表 10-1　数据记录

项　目	1#	2#	3#	空白
$m_{邻苯二甲酸氢钾}$/g				
NaOH 的体积初读/ mL				
NaOH 的体积终读/ mL				
标定消耗 NaOH 的体积 V/ mL				
$c_{(NaOH)}$/(mol・L^{-1})				—
$c_{(NaOH)}$平均值/(mol・L^{-1})				
相对平均偏差/(%)				

六、思考题

(1)用邻苯二甲酸氢钾标定氢氧化钠溶液时,为什么用酚酞作指示剂而不用甲基红或甲基橙作指示剂?

(2)标定时用邻苯二甲酸氢钾相比用草酸有什么好处?

项目十一 工业醋酸含量的测定

一、实训目的

(1)进一步掌握碱式滴定管的使用和氢氧化钠标准溶液的标定方法。

(2)了解强碱滴定弱酸的反应原理及指示剂的选择。

(3)进一步掌握差减称量法和溶液的配制。

(4)学会工业醋酸含量的测定方法。

二、实训原理

工业醋酸中的主要成分是醋酸,此外还含有少量的其他弱酸如乳酸等。醋酸是一种有机弱酸,其离解常数 $K_a=1.76\times10^{-5}$,因此可用标准碱溶液直接滴定,反应如下:

$$CH_3COOH+NaOH=\!=\!=CH_3COONa+H_2O$$

化学计量点时反应产物是 CH_3COONa,是一种强碱弱酸盐,其溶液 pH 在 8.7 左右,酚酞的颜色变化范围是 8～10,滴定终点时溶液的 pH 正处于其内,因此采用酚酞作为指示剂。

三、仪器和试剂

仪器:滴定管(碱式,50.00 mL)、移液管(5.00 mL)、容量瓶(250.00 mL)。

试剂:NaOH,工业醋酸 HAc,酚酞指示剂。

四、实训内容

1. 溶液的准备

(1)0.02 mol/L 的氢氧化钠标准溶液的配制与标定。

按照项目十的方法,配制 250 mL 氢氧化钠标准溶液,并标定。

(2)试样溶液的制备。

用 5.00 mL 移液管准确移取 2.50 mL 的醋酸试样于 250.00 mL 容量瓶中,用蒸馏水稀释到刻度、摇匀,待用。

2. 醋酸含量测定

准确移取 25.0 mL 试样溶液到锥形瓶中,加 2～3 滴酚酞指示剂(10 g/L),用已标定的氢氧化钠标准溶液滴定至溶液呈微红色即为终点。平行实验 3 次,同时做空白实验。

3. 计算

根据 NaOH 标准溶液的体积 V_{NaOH},计算工业醋酸含量。

注意:滴定速度不易太快,最快只能成串滴出。直至溶液呈浅红色,且摇动后在半分钟内不褪色,即为终点。

五、数据记录与处理

1. 氢氧化钠标定(见表 11-1)。

表 11-1　数据记录

项　目	1	2	3	空白
m_{KHP}				
NaOH 初读数/ mL				
NaOH 终读数/ mL				
消耗的体积 V_{NaOH}/ mL				
NaOH 浓度/ (mol·L⁻¹)				
NaOH 浓度平均值/(mol·L⁻¹)				
相对平均偏差/(%)				

2. 醋酸含量测定(见表 11-2)。

表 11-2　数据记录

项　目	1	2	3
醋酸的体积 V_{HAc}/ mL	25.00	25.00	25.00
NaOH 初读数 V_1/ mL			
NaOH 终读数 V_2/ mL			
消耗 NaOH 的体积 V/ mL			
V_{NaOH} 平均值/ mL			
w_{HAC}/ (%)			

六、思考题

(1)如果容量瓶的醋酸溶液没有摇匀,对测定结果有何影响?

(2)滴定结束后,锥形瓶中溶液的红色褪去是什么原因?

(3)移取 25 mL 的已配制好的醋酸溶液到锥形瓶中,如果加入 50 mL 的水,对结果有没有影响?

项目十二　混合碱各组分含量的测定

一、实训目的

(1)掌握双指示剂法测定混合碱各组分的原理和方法。

(2)学习连续滴定的相关计算。

(3)进一步掌握酸式滴定管的使用。

二、实训原理

混合碱是指 Na_2CO_3 与 NaOH 或 Na_2CO_3 与 $NaHCO_3$ 的混合物，可采用双指示剂法进行分析，测定各组分的含量。

欲测定同一份试样中各组分的含量，用 HCl 标准溶液滴定，根据滴定过程中 pH 值变化的情况，选用酚酞和甲基橙(或甲基红-溴甲酚绿混合指示剂)为指示剂的方法，称之为“双指示剂法”。

测定时先加入酚酞指示剂，以 HCl 标准溶液滴定至无色，此时溶液中 NaOH 完全被中和，Na_2CO_3 仅被中和一半，此时消耗的盐酸体积为 V_1，化学反应方程式如下：

$$NaOH + HCl = NaCl + H_2O \quad (1)$$

$$Na_2CO_3 + HCl = NaCl + NaHCO_3 \quad (2)$$

然后再加入甲基橙指示剂，继续滴定至溶液由黄色变为橙色(或由绿色变为暗红色)，此时溶液中的 $NaHCO_3$ 被完全中和，此时消耗的盐酸体积为 V_2，化学反应方程式如下：

$$NaHCO_3 + HCl = NaCl + CO_2 + H_2O \quad (3)$$

当 $V_1=0$ 时，混合碱中只有 $NaHCO_3$，没有 NaOH 和 Na_2CO_3，根据化学反应方程式(3)即可计算 $NaHCO_3$ 含量。

当 $V_2=0$ 时，混合碱中只有 NaOH，没有 $NaHCO_3$ 和 Na_2CO_3，根据化学反应方程式(1)即可计算 NaOH 含量。

当 $V_1=V_2$ 时，混合碱中只有 Na_2CO_3，没有 $NaHCO_3$ 和 NaOH，根据化学反应方程式(2)(3)即可计算 Na_2CO_3 含量。

当 $V_1>V_2$ 时，混合碱中有 Na_2CO_3 和 NaOH，没有 $NaHCO_3$，根据化学反应方程式(1)(2)(3)即可计算 Na_2CO_3 含量，此时 V_1 包含两部分，即化学反应方程式(1)(2)消耗的盐酸，V_2 即化学反应方程式(3)消耗的盐酸。

当 $V_1<V_2$ 时，混合碱中有 Na_2CO_3 和 $NaHCO_3$，没有 NaOH，根据化学反应方程式(2)，(3)即可计算 Na_2CO_3 含量，此时 V_2 包含两部分，即化学反应方程式(2)反应生成的 $NaHCO_3$ 消耗的盐酸和化学反应方程式(3)消耗的盐酸，V_1 即化学反应方程式(1)消耗的盐酸。

三、仪器与试剂

仪器：50 mL 酸式滴定管，100 mL 量筒，250 mL 锥形瓶，称量瓶，250 mL 容量瓶。

试剂：浓盐酸，混合碱，酚酞指示剂，甲基橙指示剂。

四、实训步骤

(1)0.1 mol/LHCl 标准溶液的配制和标定。

(2)混合碱含量的测定。

用减量法准确称量混合碱试样 1.5～2.0 g 于 250 mL 烧杯中，加水使之溶解后，定量转入 250 mL 容量瓶中，用水稀释至刻度线，摇匀。移取试液 25.00 mL 三份于三个 250 mL 锥形瓶中，分别加入酚酞指示剂 2～3 滴，用 HCl 标准溶液滴定至溶液由红色恰好褪至无色，记下盐酸消耗体积 V_1，再加入甲基橙指示剂 1～2 滴，继续用 HCl 标准溶液滴定至溶液由黄色变为橙色，记下盐酸消耗体积 V_2。

(3)混合碱组分的确定。

根据测得的 V_1 和 V_2 体积大小，判断混合物组成。

(4)各组分含量的计算。

根据混合物组成，写出化学反应方程式，计算混合物各组分含量。

五、实训结果

列表记录实训数据及计算结果(见表 12－1)。

表 12－1　数据记录

单位：mL

项目		1	2	3
V	浓碱液			
酚酞指示剂	HCl 初读数			
	HCl 终读数			
	V_1(HCl)			
	V_1 平均值			
甲基橙指示剂	HCl 初读数			
	HCl 终读数			
	V_2(HCl)			
	V_2 平均值			

计算：

(1)根据 V_1，V_2 判断混合碱成分；

(2)计算各组分含量。

六、思考题

(1)滴定接近第一终点时，要充分摇动锥形瓶，滴定速度不能太快，这是为什么？

(2) 采用双指示剂法测定混合碱，在同一份溶液中滴定，结果如下：① $V_1=0$，$V_2>0$；② $V_2=0$，$V_1>0$；③ $V_1=V_2>0$；④ $V_1>V_2>0$；⑤ $V_2>V_1>0$。试判断混合碱的组成。

项目十三　高锰酸钾标准溶液配制及标定

一、实训目的

(1)掌握高锰酸钾溶液的配制方法。

(2)熟悉微孔玻璃漏斗的用法。

(3)掌握草酸标定高锰酸钾的方法。

二、实训原理

1. 高锰酸钾的配制与标定

高锰酸钾是紫色结晶,它不易提纯,往往含有 MnO_2 等杂质,因此,不能当作基准物质直接配制标准溶液,配好的高锰酸钾溶液应进行标定。

由于高锰酸钾是强氧化剂,能与之反应的还原剂甚多,在配制高锰酸钾溶液时,由所用器皿、试剂和蒸馏水所引入的杂质都会还原高锰酸钾,导致高锰酸钾溶液浓度的改变,因此配制高锰酸钾溶液所用器皿和蒸馏水都需经过认真处理,才能制得比较稳定的高锰酸钾溶液。

配制高锰酸钾溶液所用的蒸馏水,要除去其中的还原性杂质,杀死其中的微生物和细菌。为此,在制备蒸馏水时,可以在蒸馏釜中加少量高锰酸钾,在加热沸腾过程中,由于高锰酸钾的作用,将水中的有机物破坏,杀灭细菌和微生物,从而制得纯净的蒸馏水。用普通方法制备的蒸馏水,在用来配制高锰酸钾溶液之前,应再将蒸馏水煮沸,并保持微沸几分钟,冷却,贮存备用。

配制高锰酸钾溶液的过程中,要避免溶液与有机物接触,因为高锰酸钾能氧化有机物,使高锰酸钾浓度发生改变。

标定高锰酸钾用的基准物很多,常用的基准物有 $Na_2C_2O_4$,$FeSO_4$,As_2O_3,$H_2C_2O_4 \cdot 2H_2O$,$(NH_4)_2SO_4 \cdot 6H_2O$ 及纯铁丝等。$Na_2C_2O_4$ 容易提纯,性质稳定,不含结晶水,在 105～110℃下烘干 1h 后就可以使用。

以 $Na_2C_2O_4$ 为基准物质标定 $KMnO_4$ 溶液时,反应方程式如下:

$$2KMnO_4 + 5Na_2C_2O_4 + 8H_2SO_4 = K_2SO_4 + 5NaSO_4 + 2MnSO_4 + 8H_2O + 10CO_2$$

标定时,由于 $KMnO_4$ 本身呈紫色,不需添加指示剂,用自身颜色显示终点。分段开始时溶液颜色消失较慢,在溶液产生了少量 Mn^{2+} 离子后,由于 Mn^{2+} 离子对滴定反应的催化作用,反应速度加快。滴定至溶液呈微红色,30s 不褪色,即为终点。在整个滴定过程中,操作溶液温度不应低于 60℃。根据所消耗的 $KMnO_4$ 溶液的体积和 $Na_2C_2O_4$ 的重量,计算 $KMnO_4$ 溶液的

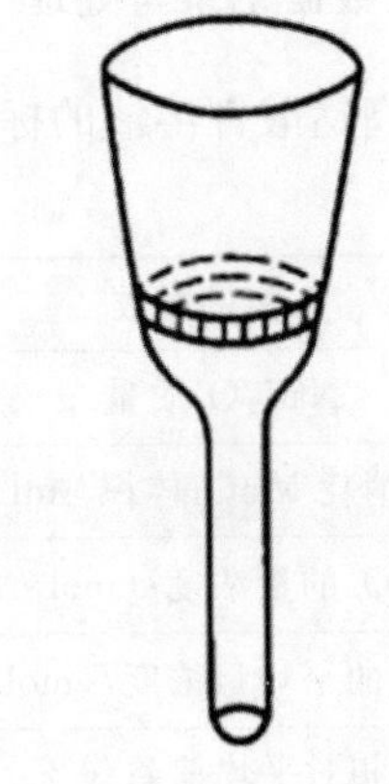

图 13-1　微孔玻璃漏斗

浓度。

2. 微孔玻璃漏斗简介

微孔玻璃漏斗(或玻璃坩埚)见图 13-1。这种滤器的滤板是用玻璃粉末在高温熔结而成。所以又常称它们为玻璃砂芯漏斗(坩埚)。按照微孔的孔径由大至小分为六级,G1～G6(或称 1 号～6 号)。在定量分析中,一般用 G4～G5 规格(相当于慢速滤纸)过滤细晶型沉淀;用 G3 规格(相当于中速滤纸)过滤粗晶型沉淀。G5～G6 规格常用于过滤微生物,所以这种滤器又称为细菌漏斗。凡是烘干后即可称量或热稳定性差的沉淀,均应采用微孔玻璃漏斗(或坩埚)过滤。不需称量的沉淀也可用其过滤。此类滤器均不能过滤强碱性溶液,因强碱性溶液会损坏玻璃微孔。

三、仪器和试剂

仪器:微孔玻璃漏斗、酸式滴定管、移量管、棕色试剂瓶、电子天平、锥形瓶、电炉、温度计。

试剂:1∶1 硫酸溶液、高锰酸钾、$Na_2C_2O_4$。

四、实训内容

1. 高锰酸钾溶液的配制

1)用电子天平称取高锰酸钾 3.2 g,置于烧杯中,加蒸馏水 50～100 mL,用玻璃棒搅拌,溶解后稀释至 1 L。

2)将配好的高锰酸钾溶液加热并保持微沸 1 h,冷却,转入玻璃塞试剂瓶,放置 2～3 d,使溶液中的还原性杂质被完全氧化。

3)用微孔玻璃漏斗过滤,滤去沉淀。将过滤的高锰酸钾溶液贮存于棕色试剂瓶中,放入暗处,以待标定。

2. 高锰酸钾溶液的标定

1)用减量法准确称取 $Na_2C_2O_4$ 0.13～0.15 g 三份,分别置于锥形瓶中。

2)向锥形瓶中分别加 25 mL 水及 10 mL 1∶1 硫酸。

3)待溶解后,加热至 80～90℃,用欲标定的高锰酸钾溶液缓慢滴定,注意观察溶液颜色变化,当颜色呈微红色时,30s 不褪色即为终点,读取滴定管读数,并记录,同时做空白试验。

五、数据记录与处理

将高锰酸钾溶液的标定数据记录于表 13-1 中。

表 13-1　数据记录

测量次数	1	2	3
NaC_2O_4质量/g			
消耗 MnO_4体积/ mL			
$KMnO_4$的量浓度/($mol \cdot L^{-1}$)			
$KMnO_4$的平均量浓度/($mol \cdot L^{-1}$)			
相对平均偏差/(%)			

六、思考题

(1)配制高锰酸钾溶液时应注意哪些问题?

(2)$KMnO_4$ 溶液放置后常有棕色沉淀,这是什么?有何影响?

项目十四　H_2O_2含量的测定

一、实训目的

(1)掌握用 $KMnO_4$ 法直接测定 H_2O_2 含量的基本原理和方法。

(2)进一步掌握酸式滴定管的使用。

(3)进一步熟练掌握差减称量法。

二、实训原理

在强酸性条件下，$KMnO_4$ 与 H_2O_2 进行如下反应：

$$2KMnO_4+5H_2O_2+3H_2SO_4 = 2MnSO_4+K_2SO_4+5O_2\uparrow+8H_2O$$

上面的反应需要有 Mn^{2+} 作催化剂，否则反应进行较慢。滴定开始时，MnO_4^- 离子的颜色消失很慢，待有 Mn^{2+} 生成后，反应就可以顺利进行。当出现微红色时就达到终点。此反应 $KMnO_4$ 自身作指示剂。

双氧水质量分数的计算公式：

$$w(H_2O_2)\%=\frac{CV0.017\,01}{m}\times100\%$$

式中　C——$c(1/5KMnO_4)$的浓度，0.5 mol/L；

V——滴定所用的体积，mL；

m——双氧水称取的质量，g。

注意：

1)用 H_2SO_4 来控制酸度，不能用 HNO_3 或 HCl 控制酸度，因 HNO_3 具有氧化性，Cl^- 会与 MnO_4^- 反应。

2)不能通过加热来加速反应，因 H_2O_2 易分解。

3)Mn^{2+} 对滴定反应具有催化作用，滴定开始时反应缓慢，随着 Mn^{2+} 的生成而加速。

三、仪器和试剂

仪器：酸式滴定管、移液管、吸量管、容量瓶、胶头滴管、烧杯、称量纸。

试剂：高锰酸钾、双氧水、H_2SO_4(20%)(20 mL 浓硫酸定容至 100 mL)。

四、实训内容

(1)配制 0.5 mol/L $KMnO_4$ 标准溶液(方法见项目十三，浓度以标定为准)。

(2)用吸量管移取 2.00 mL(约 2g)双氧水试样，转移至 250 mL 容量瓶中，称重 m，用水稀释至刻度，摇匀待用。

(3)用移液管吸取上述试液 25.00 mL，置于锥形瓶中，加 10 mL 20% H_2SO_4，用 $c(1/5\ KMnO_4)=0.5$ mol/L $KMnO_4$ 标准溶液滴定至溶液呈浅粉色，保持 30 s 不褪色为

终点。

记录消耗 $KMnO_4$ 标准溶液体积，平行三份。

(4)计算 H_2O_2 含量。

五、数据记录与处理

将所测数据记录在表 14－1 中。

表 14－1　实训数据记录

项　　目	1	2	3
H_2O_2 体积/ mL	25.00	25.00	25.00
$KMnO_4$初读数 V_1/ mL			
$KMnO_4$终读数 V_2/ mL			
消耗 $KMnO_4$的体积 V/ mL			
$\overline{V}(KMnO_4)$/ mL			
$c(H_2O_2)/(mol \cdot L^{-1})$			
相对平均偏差/(%)			

六、思考题

(1)用高锰酸钾法测定 H_2O_2时，能否用 HNO_3或 HCl 来控制酸度？

(2)用高锰酸钾法测定 H_2O_2时，为何不能通过加热来加速反应？

项目十五 EDTA 标准溶液的配制及标定

一、实训目的

(1)了解络合滴定原理。

(2)掌握 $CaCO_3$ 标定 EDTA 的方法和原理。

(3)进一步掌握酸式滴定管的使用。

(4)进一步熟练掌握差减称量法。

二、实训原理

乙二胺四乙酸(简称 EDTA)是一种很好的氨羧酸络合剂,它能和许多种金属离子生成稳定的络合物,广泛用来滴定金属离子。

EDTA 难溶于水,通常用 EDTA 二钠盐,也简称 EDTA。EDTA 常因吸附约 0.3%的水分和其中含有少量杂质而不能直接用作标准溶液,采用间接法配制标准溶液。

用于标定 EDTA 的基准物质有:含量不低于 99.95%的某些金属,如 Cu,Zn,Ni,Pb 等;以及它们的金属氧化物,如 ZnO,Bi_2O_3 等;或某些盐类,如 $ZnSO_4 \cdot 7H_2O$,$MgSO_4 \cdot 7H_2O$,$CaCO_3$等。

测定 Pb^{2+},Bi^{2+} 含量时,一般选择 ZnO 或金属锌做基准试剂,在 pH=5~6 的溶液中标定 EDTA,此时选择二甲酚橙为指示剂;若测定 Ca^{2+},Mg^{2+} 含量,则选 $CaCO_3$ 为基准物质,在 pH=10 的溶液中标定 EDTA,此时选择铬黑 T(H_2In)为指示剂。

本实验以 $CaCO_3$ 为基准物质标定 EDTA。实验时,铬黑 T 指示剂先与 Ca^{2+} 生成稳定的红色络合物 CuIn,滴 EDTA 标准溶液时,$EDTA^{2-}$ 夺取 CaIn 中的 Ca^{2+} 生成无色络合物 CaEDTA,释放出蓝色指示剂 In^{2-};当 CaIn 中的 Ca^{2+} 全部生成 CaEDTA 时到达终点,溶液呈现出紫红色,化学反应方程式如下:

$$Ca^{2+} + In^{2+} \longrightarrow CaIn$$

$$CaIn + EDTA^{2-} \longrightarrow CaEDTA + In^{2-}$$

三、仪器和试剂

仪器:移液管、酸式滴定管、容量瓶、胶头滴管、烧杯、电子天平(d=0.000 1g)、锥形瓶。

试剂:NH_3-NH_4Cl 的缓冲溶液、乙二胺四乙酸二钠盐(相对分子质量 372.2)、铬黑 T 指示剂、$CaCO_3$基准物质、HCl 溶液(1+1)、甲基红指示剂、蒸馏水。

四、实训内容

1. 标准溶液和 EDTA 溶液的配制。

1)Ca^{2+} 标准溶液的配制。计算配制 250 mL 0.01 mol·L^{-1} Ca^{2+} 标准溶液所需的 $CaCO_3$

的质量。用差减法准确称取计算所得质量的基准 $CaCO_3$ 于 150 mL 烧杯中，称量值与计算值偏离最好不超过 10%。先以少量水润湿，盖上表面皿，从烧杯嘴处往烧杯中滴加约 5 mL(1+1)HCl 溶液，使 $CaCO_3$ 全部溶解。加水 50 mL，微沸几分钟以除去 CO_2。冷却后用水冲洗烧杯内壁和表面皿，定量转移 $CaCO_3$ 溶液于 250 mL 容量瓶中，用水稀释至刻度，摇匀，计算标准 Ca^{2+} 的浓度。

2)EDTA 溶液的配制。计算配制 500 mL 0.01 $mol\cdot L^{-1}$ EDTA 所需 EDTA 二钠盐的质量。用电子天平称取上述质量的 EDTA 于 200 mL 烧杯中，加水，微热溶解，冷却后移入容量瓶中，定容，待用。

2. EDTA 溶液的标定

用移液管吸取 25.00 mL Ca^{2+} 标准溶液于锥形瓶中，加 1 滴甲基红，用氨水中和 Ca^{2+} 标准溶液中的 HCl，当溶液由红变黄时即可。加 20 mL 水和 5 mL Mg^{2+}-EDTA 溶液，然后加入 10 mL NH_3-NH_4Cl 缓冲溶液，再加 3 滴铬黑 T 指示剂，立即用 EDTA 滴定，当溶液由酒红色转变为蓝紫色时即为终点。平行滴定 3 次，做空白实验，用平均值计算 EDTA 的准确浓度。

五、数据记录及处理

将数据记录于表 15-1 中。

表 15-1　数据记录

项　目	1#	2#	3#	空白
m_{CaCO_3}/g		—		
EDTA 的体积初读/mL				
EDTA 的体积终读/mL				
标定消耗 EDTA 的体积 V/mL				
$c_{(EDTA)}$/($mol\cdot L^{-1}$)				—
$c_{(EDTA)}$ 平均值/($mol\cdot L^{-1}$)				
相对平均偏差/(%)				

六、思考题

(1)若用 ZnO 标定 EDTA，终点时溶液由什么颜色变成什么颜色？

(2)在中和标准物质中的 HCl 时，能否用酚酞取代甲基红？为什么？

(3)阐述 Mg^{2+}-EDTA 能够提高终点敏锐度的原理。

(4)滴定为什么要在缓冲溶液中进行？如果没有缓冲溶液存在，将会导致什么现象发生？

项目十六　水的总硬度的测定

一、实训目的

(1)掌握用配位滴定法测定水的硬度的依据。

(2)掌握水的硬度测定方法及计算方法。

(3)了解水的硬度的测定意义和常用的硬度表示方法。

(4)进一步掌握酸式滴定管的使用。

(5)进一步熟练掌握差减称量法。

二、实训原理

1. 基本原理

水的硬度主要是指水中含有可溶性的钙盐和镁盐的量。此种盐类含量多的水称为硬水，含量较少的则称为软水。常用水(自来水、河水、井水等)都是硬水。常用水用作锅炉用水或制备去离子水时都需要测定其硬度。测定原理：取一定量的水样，调节 pH≈10，以铬黑 T 为指示剂，用 EDTA 标准溶液 0.01 mol/L)滴定 Ca^{2+}，Mg^{2+} 的总量，即可计算水的硬度。

反应过程如下：

滴定前：$Mg^{2+} + HIn^{2-} \rightleftharpoons MgIn_2 + H_2$

终点前：$\dfrac{Ca^{2+}}{Mg^{2+}} + H_2Y^{2-} \rightleftharpoons \dfrac{CaY^{2-}}{MgY^{2-}} + 2H^+$

终点时：$MgIn^- + H_2Y^{2-} \rightleftharpoons MgY^{2-} + HIn^{2-} + H^+$

　　(酒红色)　　　　　　　(纯蓝色)

我国常用的硬度表示方法有两种：

(1)将测得的 Ca^{2+}，Mg^{2+} 折算成 $CaCO_3$ 的重量，以每升水中含有的 $CaCO_3$ 毫克数表示硬度，1 mg/L 也可写作 1 ppm。

$$\text{水的硬度} = \frac{(CV)_{EDTA} \times M_{CaCO_3} \times 1\,000(\text{mg/L})}{V_{\text{水}}}$$

(2)将测得的 Ca^{2+}，Mg^{2+} 折算成 CaO 的重量，以每升水中含 10 mg CaO 为 1 度，表示水的硬度。

$$\text{水的硬度} = \frac{(CV) \times M_{CaO} \times 1\,000(\text{度})}{V_{\text{水}} \times 10}$$

2. 常见问题

如果所取水样若不澄清，必须过滤。过滤所用的仪器必须是干燥的，最初和最后的滤液宜弃去。如果水中有铜、锌、锰等离子存在，则会影响测定结果。铜离子存在时会使滴定终点不明显；锌离子参与反应，使结果偏高；锰离子存在时(>1 mg/L)，在碱性溶液中易氧化成高价，加人指示剂后马上变成灰色，影响滴定。消除干扰的方法：在水样中加入 1 mL 2 %Na_2S 溶液，可使铜离子产生 CuS 沉淀；加 0.5～2 mL 1%的盐酸羟胺溶液可使高价锰离子还原以消除干扰；若有 Fe^{3+}，Al^{3+} 离子存在，可用三乙醇胺掩蔽(若水样中含铁量超过 10 mg/L，掩蔽有困难，需用蒸馏水稀释到含 Fe^{3+} Fe^{2+} <7 mg/L)

当水的硬度较大时，在 pH≈10 时会析出 $CaCO_3$ 沉淀，使溶液变浑浊。

$$HCO_3^- + Ca^{2+} + OH^- = CaCO_3 + H_2O$$

在这种情况下，滴定至终点时，常出现返回现象，使终点拖长，变色不敏锐，滴定结果的重现性差。此时，可在滴定前，加入一小块刚果红试纸，用 HCl(1～2 滴)酸化。至试纸变蓝色，振摇 2min 以除去 CO_2，再加缓冲液和指示剂。

当水样中 Mg^{2+} 的含量较低(一般相对于来说，须有 5%的 Mg^{2+} 存在)时，用铬黑 T 指示剂往往得不到敏锐的终点。这时可在缓解液中加入少量 Mg^{2+}-EDTA 配合物，利用置换滴定法的原理来提高终点变色的敏锐性。因 Mg-铬黑 T 的稳定性大于 Ca-铬黑 T，所以滴定终点时反应为

$$\underset{\text{(酒红色)}}{MgIn^-} + H_2Y^{2-} \rightleftharpoons MgY^{2-} + \underset{\text{(纯蓝色)}}{HIn^{2-}} + H^+$$

硬度计算公式来源推导如下：

(1)以$CaCO_3$ mg/L 表示 $CaCO_3$=100.1(g/ mol)

$$\frac{(CV)_{EDTA}\times\frac{M_{CaCO_3}}{1\,000}\times 1\,000(mg)}{100(\ mL)}\times 1\,000=(CV)_{EDTA}\times 100\times 10(mg/L)$$

(2)以 10 mg CaO/L 为 1 度表示 M_{CaO}=56.08(g/ mol)

$$\frac{(CV)_{EDTA}\times\frac{M_{CaO}}{1\,000}\times 1\,000(mg)}{1\,000(\ mL)}\times 1\,000\times\frac{1}{10}=(CV)_{EDTA}\times 56.08$$

注意：

1)应注意水样采集时间、方式、容器等。

2)用量筒取 100 mL 水样时，最后结果应保留 3 位有效数字。

3)稀释标准溶液时，可用移液管吸取 0.05 mol/L 的 EDTA 标准溶液 20.00 mL 至 100 mL容量瓶中，加水至刻度；也可直接由滴定管放出 20.00 mL 至容量瓶，加水至刻度。

三、仪器和试剂

仪器：酸式滴定管，锥形瓶，量筒，容量瓶，移液管，洗耳球。

试剂：EDTA 标准溶液(0.01 mol/L)、Ca 指示剂、4%NaOH 溶液、NH_3-NH_4Cl(pH≈10)缓冲溶液、铬黑 T 指示剂、水样。

四、实训内容

(1)配制并标定 0.01 mol/L 的 EDTA 标准溶液(方法见项目八，浓度以标定为准)。

(2)总硬度的测定。

用移液管移取 10 mL 水样，加 15 mL 蒸馏水于锥形瓶中，加 5 mL 缓冲溶液，加适量铬黑

T指示剂，用EDTA标准溶液滴定到溶液由酒红色变为蓝色，即为终点，记录消耗的EDTA标准溶液的体积，平行三次，并做空白实验（如果水样中Mg^{2+}的含量很低，可事先在EDTA中加入少量Mg^{2+}提高变色点的敏锐性）。

（3）钙硬度的测定。

用移液管移取10 mL自来水，15 mL蒸馏水于锥形瓶中，加10 mL 4%NaOH，加适量钙指示剂，用EDTA标准溶液滴定到溶液由酒红色变为蓝色，即为终点，记录消耗的EDTA标准溶液的体积，平行三次，并做空白实验。

五、数据记录与处理

1. EDTA标准溶液的标定（见表16－1）

表16－1　数据记录

项　目	1#	2#	3#	空白
m_{CaCO_3}/g				—
EDTA的体积初读/mL				
EDTA的体积终读/mL				
标定消耗EDTA的体积V/mL				
$c_{(EDTA)}$/(mol·L^{-1})				—
$c_{(EDTA)}$平均值/(mol·L^{-1})				
相对平均偏差/(%)				

2. 硬度的测定（见表16－2）

表16－2　数据记录

	项　目	1	2	3
铬黑T指示剂	EDTA终读数/mL			
	EDTA初读数/mL			
	V_{EDTA}/mL			
	V_{EDTA}平均值/mL			
	总硬度ρ			
钙指示剂	EDTA终读数/mL			
	EDTA初读数/mL			
	V_{EDTA}/mL			
	V_{EDTA}平均值/mL			
	钙硬度ρ_{CaO}			

六、思考题

(1)硬度的测定结果应保留几位有效数字？为什么？

(2)用 EDTA 法测定水的硬度时，哪些离子的存在有干扰？如何消除？

(3)测定水的硬度时，加入氨性缓冲液的目的何在？当水样的硬度较大时，加入氨性缓冲液后，可能会出现什么异常现象？应如何处理？

(4)应如何分别测定水中 Ca^{2+}，Mg^{2+} 的含量？

项目十七　硝酸银标准溶液的配制及标定

一、实训目的

(1)学会银量法中硝酸银溶液的配制和标定方法。

(2)掌握莫尔法确定终点的方法。

(3)进一步掌握酸式滴定管的使用。

(4)进一步熟练掌握差减称量法。

二、实训原理

银量法是以生成微溶性银盐反应为基础的沉淀滴定法。其确定终点的方法有莫尔法(用铬酸钾作指示剂)、佛尔哈德法(用铁铵矾作指示剂)、扬斯法(用吸附指示剂)。

本实训中标定 $AgNO_3$ 溶液用莫尔法。莫尔法是在中性或弱碱性溶液中,以 K_2CrO_4 为指示剂,用 $AgNO_3$ 标准溶液滴定。由于 AgCl 沉淀的溶解度比 Ag_2CrO_4 小,因此,溶液中先析出 AgCl 沉淀,当 AgCl 完全沉淀后,过量一滴 $AgNO_3$ 溶液,Ag^+ 即与 $CrO_4{}^{2-}$ 生成砖红色 Ag_2CrO_4 沉淀,达到终点。反应式如下:

$$Ag^+ + Cl^- = AgCl\downarrow \quad K_{sp} = 1.8\times10^{-10}$$

$$2Ag^+ + CrO_4^{2-} = Ag_2CrO_4\downarrow \quad K_{sp} = 1.1\times10^{-12}$$

滴定必须在中性或弱碱性中进行,最适宜 pH 范围为 6.5～10.5。如果有铵盐存在,溶液 pH 需控制在 6.5～7.2 之间。

三、仪器和试剂

仪器:酸式滴定管、棕色容量瓶、移液管、吸耳球等。

试剂:硝酸银、K_2CrO_4 指示剂(50g/L 溶液)、NaCl 基准试剂(在 500～600℃高温炉中灼烧半小时或置于瓷坩埚中,加热,并不断搅拌,待爆炸声停止后,继续加热 15 min 后放置于干燥器中冷却待用)。

四、实训内容

1. 0.05 mol/L $AgNO_3$ 溶液的配制

称取 $AgNO_3$ 约 2.1 g(d=0.000 1 g)溶于 250 mL 蒸馏水(无 Cl^- 水)中并摇匀,将溶液转入棕色试剂瓶中,置暗处保存(避免 $AgNO_3$ 溶液与皮肤接触)。

2. NaCl 标准溶液的配制

准确称取 0.5～0.7 g 已恒重的基准 NaCl,置于小烧杯中,用蒸馏水溶解后,转移至 250 mL容量瓶中,稀释至刻度,摇匀。

3. $AgNO_3$ 溶液的标定

用移液管移取 25.00 mL 步骤 2 中已配好的 NaCl 标准溶液于 250 mL 锥形瓶中,加入

25 mL蒸馏水(沉淀滴定中为减少沉淀时被测离子的吸附,一般滴定的体积以大些为好,故需加水稀释试液),加入1 mL 50 g/L K_2CrO_4溶液,在不断摇动下,用$AgNO_3$溶液滴定至呈现砖红色,即为终点,平行滴定3份。

五、数据记录

1. 数据记录及处理(见表17-1)

表17-1　数据记录

项　　目	1	2	3	空白
NaCl体积/mL				—
$AgNO_3$初读数V_1/mL				
$AgNO_3$终读数V_2/mL				
消耗$AgNO_3$的体积V/mL				
V_{AgNO_3}/mL				
c_{AgNO_3}/(mol·L^{-1})				
相对平均偏差/(%)				

2. 数据处理公式

用下式计算NaCl的量浓度:

$$c_{NaCl}=\frac{m_{NaCl}\times 1\,000}{M_{NaCl}V_{NaCl}}$$

按下式计算$AgNO_3$标准溶液的准确量浓度:

$$c_{AgNO_3}=\frac{c_{NaCl}V_{NaCl}}{V_{AgNO_3}}$$

六、思考题

(1)如果试剂中含有Ba^{2+},Pb^{2+},能否用莫尔法测定?为什么?

(2)为什么要将$AgNO_3$标准溶液置于棕色试剂瓶中?

(3)$AgNO_3$溶液应装在酸式滴定管还是碱式滴定管中?如何正确洗涤使用过的滴定管?

(4)简述佛尔哈德法标定$AgNO_3$溶液的原理。

项目十八　水中氯离子含量的测定

一、实训目的

(1)掌握莫尔法测定水中氯含量的原理、方法和相关计算。

(2)学会用 K_2CrO_4 指示剂正确判断滴定终点。

(3)进一步掌握酸式滴定管的使用。

(4)进一步熟练掌握滴定终点的判断。

二、实训原理

在中性或弱碱性溶液中,以 K_2CrO_4 为指示剂,用 $AgNO_3$ 标准溶液滴定。由于 AgCl 沉淀的溶解度比 Ag_2CrO_4 小,因此,溶液中首先析出 AgCl 沉淀。在 AgCl 定量沉淀后,过量一滴 $AgNO_3$ 溶液,Ag^+ 即与 $CrO_4{}^{2-}$ 生成砖红色 Ag_2CrO_4 沉淀,指示达到终点。反应式如下:

$$Ag^+ + Cl^- \xlongequal{} AgCl\downarrow \quad K_{sp}=1.8\times10^{-10}$$

$$2Ag^+ + CrO_4^{2-} \xlongequal{} Ag_2CrO_4\downarrow \quad K_{sp}=1.1\times10^{-12}$$

滴定必须在中性或弱碱性中进行,最适宜 pH 范围为 6.5～10.5。如果有铵盐存在,溶液 pH 需控制在 6.5～7.2 之间。

三、仪器和试剂

仪器:酸式滴定管、棕色容量瓶、移液管等。

试剂:硝酸银、K_2CrO_4 指示剂(50g/L 溶液)、NaCl 基准试剂(在 500～600℃高温炉中灼烧半小时或置于瓷坩埚中,加热,并不断搅拌,待爆炸声停止后,继续加热 15 min 后放置于干燥器中冷却待用)。

四、实训内容

(1)配制 1 000 mL 0.01 mol/L $AgNO_3$ 标准滴定溶液(方法见项目十,浓度以标定为准)。

(2)水中氯离子的测定。

1)用移液管移取水样 100.00 mL,放于锥形瓶中,加 K_2CrO_4 指示液 2mL。

2)在充分摇动下,用 $c(AgNO_3)=0.01$ mol/L $AgNO_3$ 标准滴定溶液滴定至溶液由黄色变为淡橙色(与标定 $AgNO_3$ 溶液时颜色一致),即为终点。

3)平行测定 3 次,同时做空白实验。

五、数据记录及处理

1. 0.01 mol/L $AgNO_3$标准滴定溶液的标定(见表18－1)

表 18－1　数据记录

项　目	1	2	3	空白
NaCl体积/mL				—
$AgNO_3$初读数 V_1/mL				
$AgNO_3$终读数 V_2/mL				
消耗 $AgNO_3$的体积 V/mL				
$V(AgNO_3)$/mL				
$c(AgNO_3)/(mol \cdot L^{-1})$				
相对平均偏差/(%)				

2. 水中氯离子的测定(见表18－2)

表 18－2　数据记录

项　目	1	2	3	
水样体积/mL	100.00	100.00	100.00	
$AgNO_3$初读数 V_1/mL				
$AgNO_3$终读数 V_2/mL				
消耗 $AgNO_3$的体积　V/mL				
$V(AgNO_3)$/mL				
c(水样中 Cl^-)/$(mol \cdot L^{-1})$				

六、思考题

(1)水样如为酸性或碱性,对测定有无影响?应如何处理?
(2)实训中存在什么离子的干扰?应如何消除干扰?
(3)莫尔法能否测定 I^-,SCN^-?为什么?
(4)K_2CrO_4指示剂的加入量对测定结果会产生什么影响?

项目十九　分光光度计的使用和高锰酸钾溶液标准曲线的绘制

一、实训目的

(1)722 型分光光度计的结构和工作原理。

(2)分光光度法定量分析的原理和定量方法。

(3)掌握分光光度计的操作。

(4)掌握紫外-可见光谱定性图谱的数据处理方法。

二、实训原理

1. 分光光度计

(1)分光光度计简介。

分光光度计的基本工作原理是溶液中的物质在光的照射激发下，产生了对光吸收的效应，物质对光的吸收是具有选择性的，各种不同的物质都具有其各自的吸收光谱，因此当某单色光通过溶液时，其能量就会被吸收而减弱，光能量减弱的程度和物质的浓度有一定的比例关系，也即符合于比色原理——比耳定律：

$$A = \lg \frac{I_0}{I} = abc$$

式中　A —— 吸光度；

I_0 —— 透过光的强度；

I —— 入射光的强度；

a —— 物质对光的吸光系数(只和物质性质有关)；

b —— 吸收池的长度(通常为 1 cm，2 cm 或 4 cm)；

c —— 待测物的浓度。

722 型光栅式单光束分光光度计由光源系统、单色器系统、样品室、接收放大系统、对数放大器、数字显示及稳压电源系统等组成。光源卤钨灯发射出的复合光，经由单色器分离出测量所需要窄波带辐射，通过样品室中的样品池，经被测样品的吸收，所透射的光线照射在接收元件光电管阴极面，根据光电效应原理会产生微弱的光电流。此光电流经微电流放大器的电流放大送到数字显示器显示，测出透射率 11(%)。另外，经微电流放大器放大的电流通过对数放大器以实现对数转换，使数字显示器显示吸光度 A。根据朗伯-比耳定律，样品浓度与吸光度成正比，则可直接测出被测样品的浓度 c。光源的电源由钨灯稳压器组成，提供钨灯的稳定电压以实现光源复合光的稳定性。接收放大系统及对数放大器的工作电压则由稳压电源部分供给。

(2)分光光度计使用。

1)将灵敏度开关置于 1 挡，选择开关置于 T，波长调在所使用波长下。启动电源开关，将仪器预热 20min，预热时需打开样品池的盖子。

2)打开样品室上盖，调节 0 旋钮，使数字显示为“00.0”。

3)调节 100%。在样品架内放入空白溶液和待测溶液，并让空白液处于测量位置。盖上样品室盖，调节 100%旋钮，使数字显示为“100.0”。

4)如果调不到 100.0，可增大灵敏度挡。上述的 2)，3)步骤需重复调节几次。

5)拉动样品池架拉手，将待测液拉入光路中，即可从表头读取透射比值了。

6)进行完 1)，2)，3)步骤后，将选择开关置吸光度 A 挡，调节吸光度调零旋钮，使表头显示为“.000”，然后，将待测样品拉人光路中，从表头读取数值即为吸光度值。

7)进行完前 1)，2)，3)步骤后，将选择开关置浓度 c 挡。将标准浓度的样品拉入光路中，调节浓度旋钮，使表头显示为该标准液的浓度值。然后，将待测样品拉入光路中，从表头取数值即为测量的浓度值。

2. 高锰酸钾溶液标准曲线的绘制

尽管分子结构不同，但只要具有相同的生色团，它们的最大吸收波长值就相同。因此，通过未知化合物的扫描光谱，确定最大吸收波长值，并与已知化合物的标准光谱图在相同溶剂和测量条件下进行比较，就可实现对化合物的定性分析。

如果固定吸收池的长度，已知物质的吸光度和其浓度成线性关系，这是紫外可见光谱法进行定量分析的依据。

采用外标法定量时，首先配制一系列已知准确浓度的高锰酸钾溶液，分别测量它们的吸光度，以高锰酸钾溶液的浓度为横坐标，以各浓度对应的吸光度值为纵坐标作图，即得到高锰酸钾在该条件下的工作曲线。取未知浓度高锰酸钾样品溶液在同样条件下测量吸光度，就可以在工作曲线中找到它对应的浓度。

无机化合物电子光谱有电荷迁移跃迁和配位场跃迁两大类。无机盐 $KMnO_4$ 在可见光区具有固定的最大吸收波长位置，在水溶液中它的最大吸收波长值 λ_{max} 为 525±0.5 nm，544±0.5 nm，并且它具有特征的峰形，在避光的环境下保存的水溶液其峰位置和峰形可长期稳定不变，它是作为校正紫外-可见光波长的基准物质之一。因此，可以根据它们的紫外吸收光谱特征(见图 19-1)，在紫外-可见光谱分析仪的定性测量模式中通过光谱扫描，测量获得其波长-吸收光谱图，对它进行准确可靠的定性鉴别，并采用外标定量法进而进行定量分析。

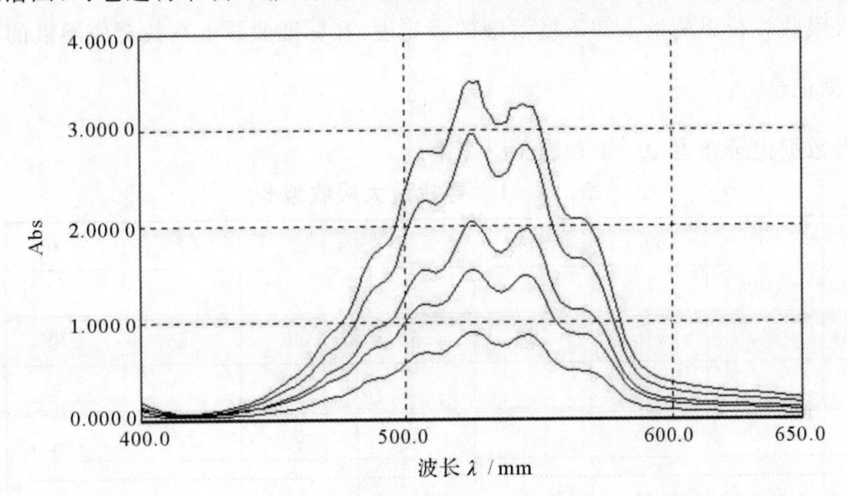

图 19-1　不同浓度的高锰酸钾($KMnO_4$)紫外吸收光谱定性扫描图

注意：

1)测定紫外波长时，需选用石英玻璃的比色皿。

2)测定时，如有溶液溢出或其他原因将样品槽弄脏，要尽可能及时清理干净。

三、仪器和试剂

仪器：电子天平(d=0.001g)、紫外-可见光谱仪(一套，带比色皿)、50 mL 容量瓶(4 个)、500 mL 容量瓶(1 个)、2.00 mL 吸量管(1 个)、擦镜纸等。

试剂：高锰酸钾、蒸馏水。

四、实训内容

(1)仪器准备。打开分光光度计预热 20 min，待用。预热后校准比色皿，透过率小于 0.003时方可使用。

(2)标准溶液的配制。

1)准确称取 1.58 g $KMnO_4$，用二次去离子水溶解，加入 14 mL 浓硫酸和 1g KIO_4，定容于 500 mL 容量瓶，得到 0.02 mol/ mL 的储备液，暗处保存。

2)分别准确移取 0.25 mL，0.50 mL，1.00 mL，2.00 mL 的 $KMnO_4$ 储备液，于 50 mL 容量瓶中，用二次去离子水定容，得到浓度分别为 0.10 mmol/mL，0.20 mmol/mL，0.40 mmol/mL，0.80 mmol/mL 的 $KMnO_4$ 溶液。

(3)确定最大吸收波长。

用校准好的两个比色皿，一只仍然装蒸馏水做参比，另外一只装入 0.80 mmol/ mL 的 $KMnO_4$ 溶液，然后选择波长 500～600 nm，开始每隔 5 nm 测量一次，找到最大吸收波长，然后在最大值±5 nm 范围内，每隔 2 nm 再测量一次，绘图，确定最大吸收波长。实验时应注意，每更换一次波长，都需用蒸馏水调整透过率为 100%。

(4)绘制标准曲线。

在最大吸收波长下分别测量 0.10 mmol/mL，0.20 mmol/mL，0.40 mmol/mL，0.80 mmol/mL的 $KMnO_4$ 溶液的吸光度，以浓度为横坐标，吸光度为纵坐标，用 excel 绘制和打印高锰酸钾吸收曲线光谱图。

(5)测量。

在最大吸收波长下测量未知浓度溶液的吸光度，在标准曲线上查找对应溶液的浓度。

五、数据记录

将测得数据记录在表 19－1 和表 19－2 中。

表 19－1　寻找最大吸收波长

波长/nm	500	505	510	515	520	525	530	535
吸光度								
波长/nm	540	545	550	555	560	565	570	575
吸光度								
波长/nm	580	585	590	595	600			
吸光度								

表 19－2　$KMnO_4$吸收曲线

浓度/(mmol · mL^{-1})	0.10	0.20	0.40	0.80
吸光度				

六、思考题

(1)简述紫外-可见分光光度计的主要操作特点。

(2)简述分光光度法绘制曲线的过程。

(3)如何校准比色皿?

项目二十　磺基水杨酸法测定水样中铁离子含量

一、实训目的

(1)分光光度法测定条件的选择。

(2)磺基水杨酸与 Fe^{3+} 显色反应的特点,显色溶液酸度的控制。

二、实训原理

磺基水杨酸(H_2Sal)是 Fe^{3+} 的显色剂,依据溶液酸度的不同可与 Fe^{3+} 形成组成和颜色均不相同的多种配合物。在 pH=1.8～2.5 时,生成紫红色配合[FeSal]＊;pH=4.0～8.0 时,生成橙红色配合物$[Fe(Sal)_2]^-$;pH=8.0～11.5 时,生成黄色配合物$[Fe(Sal)_3]^{3-}$。此外,由于 pH＞12 时 Fe^{3+} 易发生碱性水解生成 $Fe(OH)_3$ 沉淀,不能进行分光光度测定,因此采用磺基水杨酸法测定 Fe^{3+} 时,应使溶液酸度保持在 pH＜12,而且为了保证显色反应所得配合物具有所期望的组成,需要采用缓冲溶液将溶液酸度控制在相应的适宜范围。

本实训用 NH_3-NH_4Cl 缓冲溶液控制溶液 pH=10,此时 Fe^{3+} 与磺基水杨酸生成三磺基水杨酸合铁(Ⅲ),反应式为

$$Fe^{3+} + 3\ \text{(HO)(HOOC)}C_6H_3SO_3H \rightleftharpoons [Fe(\text{(HO)(OOC)}C_6H_3SO_3)_3]^{3-} + 6H^+$$

该配合物很稳定,试剂用量及溶液的酸碱度略有改变也无妨碍;显色时间长一些,配合物颜色也不会改变。配合物最大吸收波长 $\lambda_{max}=420$ nm,摩尔吸光系数 $\zeta=5.8\times10^3$ $L\cdot mol\cdot cm^{-1}$。碱性溶液中 Fe^{2+} 易被氧化,故本法测定的是溶液中铁的总含量。

F^-,NO_3^-,PO_4^{3-} 等离子不影响测定;Al^{3+},Ca^{2+},Mg^{2+} 等离子与磺基水杨酸生成的配合物无色,不会干扰测定;若存在大量的 Cu^{2+},Co^{2+},Ni^{2+},Cr^{3+} 等离子,则会影响测定,应加以掩蔽或预先分离。

三、仪器和试剂

仪器:紫外-可见光谱仪、比色皿、50 mL 容量瓶(7 个)、擦镜纸等。

试剂:铁标准溶液(0.100 0g/L)、10%磺基水杨酸溶液,NH_3-NH_4Cl 缓冲溶液,水样 1,水样 2。

四、实训内容

(1)打开分光光度计预热 20 min。

(2)校准比色皿:分别将两个比色皿装上蒸馏水,将一个透过率设置为0,测另外一个值,若相差小于0.003,则可以使用。

(3)配制标准溶液和试样溶液。取7支50 mL容量瓶,分别用10 mL移液管准确移取0.100 0 g・L^{-1} Fe^{3+}标准溶液0 mL,2 mL,4 mL,6 mL,8 mL,10 mL和水样各2.5 mL,5 mL,10 mL,用量筒分别加入10%磺基水杨酸溶液5 mL和pH=10的NH_3-NH_4Cl缓冲溶液10 mL,用去离子水定容至50.00 mL,摇匀,放置10 min后使用。

(4)确定最大吸收波长。用校准好的两个比色皿,一只仍然装蒸馏水做参比,另外一只装入浓度最大的铁溶液,然后选择波长400~500 nm,开始每隔5 nm测量一次找到最大吸收波长,在最大值±5 nm范围内,每隔2 nm再测量一次,绘图,确定最大吸收波长。

(5)绘制标准曲线。在最大波长下,分别测量七个标准溶液的吸光度,以横坐标为浓度,纵坐标为吸光度绘制标准曲线。

(6)试样溶液吸光度测量。在最大吸收波长下测量试样溶液的吸光度,记录在标准曲线上查找试样溶液浓度。

五、数据记录

将数据记录在表20-1,表20-2中。

表20-1　寻找最大吸收波长

波长/nm	400	405	410	415	420	425	430	435
吸光度								
波长/nm	440	445	450	455	460	465	470	475
吸光度								
波长/nm	480	485	490	495	500			
吸光度								

表20-2　Fe^{3+}吸收曲线

Fe^{3+}标准溶液体积	0	2	4	6	8	10	水样1	水样2
浓度/(mmol・mL^{-1})	0							
吸光度								

六、思考题

(1)磺基水杨酸合铁(Ⅲ)的组成及其颜色与溶液酸度有何关系?本实训如何控制溶液的pH值?

(2)写出pH=4.0~8.0时磺基水杨酸与Fe^{3+}的显色反应。

(3)标准曲线法和标准比较法各有何特点?

项目二十一　常用有机实验玻璃仪器和装置

一、实训目的

(1)学习有机实训常用玻璃仪器的使用及注意事项。

(2)掌握有机实训装置的连接和拆卸。

(3)掌握回流、蒸馏基本实训操作。

二、实训原理

1. 常用玻璃仪器及注意事项

(1)常用玻璃仪器及使用。

有机实训玻璃仪器一般分为标准磨口和普通两种。在实训室,常用标准磨口玻璃仪器有磨口锥形瓶、圆底烧瓶、三颈瓶、蒸馏头、冷凝管、接收管等,见图 21-1。常用的普通玻璃仪器有非磨口锥形瓶、烧杯、布氏漏斗、吸滤瓶、普通漏斗等,见图 21-2。

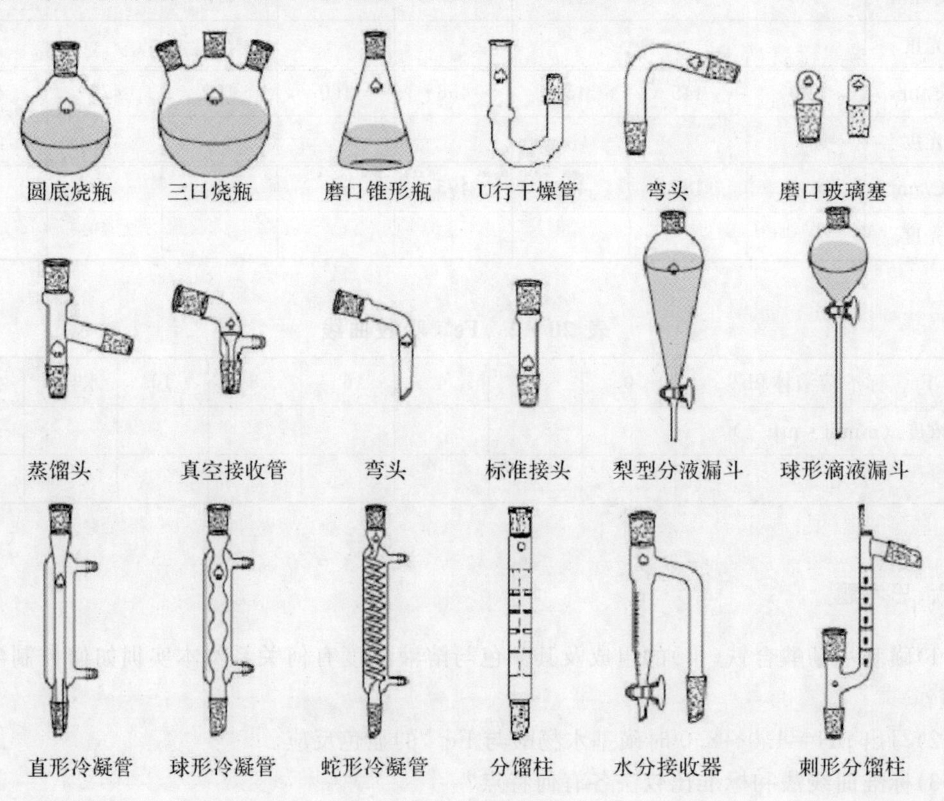

图 21-1　常用标准磨口玻璃仪器

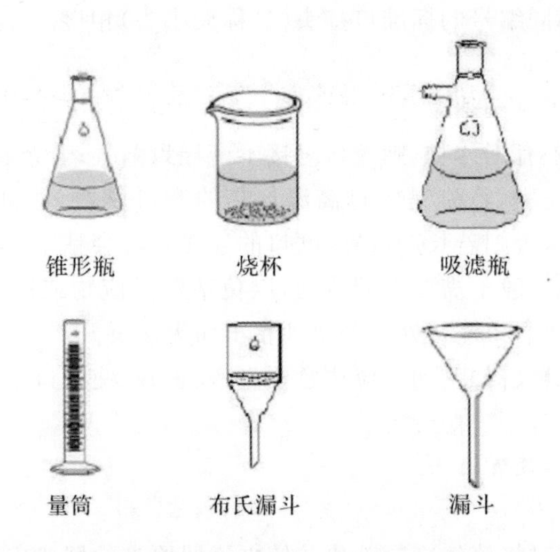

图 21-2　常用普通玻璃仪器

每一种仪器都有特定的性能和用途。

圆底烧瓶：能耐热和承受反应物（或溶液）沸腾以后所发生的冲击震动。在有机化合物的合成和蒸馏实训中最常使用，也常用作减压蒸馏的接收器。

三口烧瓶：最常用于需要进行搅拌的实训中。中间瓶口装搅拌器，两个侧口装回流冷凝管和滴液漏斗或温度计等。

直形冷凝管：蒸馏物质的沸点在 140℃以下时，要在夹套内通水冷却；但超过 140℃时，冷凝管往往会在内管和外管的接合处炸裂。微量合成实训中，用于加热回流装置上。

空气冷凝管：当蒸馏物质的沸点高于 140℃时，常用它代替通冷却水的直形冷凝管。

球形冷凝管：其内管的冷却面积较大，对蒸气的冷凝有较好的效果，适用于加热回流的实训。

漏斗：在普通过滤时使用。

分液漏斗：用于液体的萃取、洗涤和分离；有时也可用于滴加试料。

滴液漏斗：能把液体一滴一滴地加入反应器中，即使漏斗的下端浸没在液面下，也能够明显地看到滴加的快慢。

使用玻璃仪器时应轻拿轻放；除试管等少数外，一般都不能直接用明火加热；锥形瓶不耐压，不能作减压用；厚壁玻璃器皿（如抽滤瓶）不耐热，不能加热；广口容器（如烧杯）不能贮放有机溶剂；带活塞的玻璃器皿如分液漏斗、滴液漏斗、水分分离器等，用过洗净后，在活塞与磨口间应垫上纸片，以防粘住。如已粘住，可用水煮后再轻敲塞子；或在磨口四周涂上润滑剂后用电吹风吹热风，使之松开。另外，温度计不能代替搅拌棒使用，并且也不能用来测量超过刻度范围的温度。温度计用后要缓慢冷却，不可立即用冷水冲洗以免炸裂。标准口玻璃仪器可以和编号相同的标准磨口相互连接，使用时既省时方便又严密安全，目前已替代了同类普通仪器，而且随着实训教学的改革，已经走向微量化。由于玻璃仪器容量大小及用途不一，故有不同编号的标准磨口，常用的有 10，14，19，24，29，34，40，50 等，这里的数字编号指的是磨口最大端直径的毫米数。有的磨口玻璃仪器用两个数字表示，例如 10/30，表明磨口最大处直径为 10 mm，磨口长度为 30 mm。相同编号的内外磨口、磨塞可以直接紧密相接，磨口编号不同的两玻璃仪器，可借助于不同编号的标准口接头（又称大小头）相接。

(2)使用注意事项。

使用标准口玻璃仪器时必须注意：

1)磨口必须洁净。若有固体物，则磨口对接不密导致漏气；若杂物很硬，则更会损坏磨口。

2)用后应立即拆卸洗净，特别是经过高温加热的磨口仪器。一旦停止反应，应先移去火源，然后立即活动磨口处，否则若长期放置，磨口的连接处常会粘牢，不易拆开。

3)磨口仪器使用时，一般不需要涂润滑剂，以免玷污反应物或产物。但是，如果反应中有强碱，则要涂润滑剂，防止磨口连接处因碱腐蚀粘牢而无法拆开。

4)安装标准磨口玻璃仪器装置时，应注意要整齐、正确，使磨口连接处不受歪斜的应力，否则容易将仪器折断。

2.有机化学实训常用装置

(1)简单回流装置。

将液体加热气化，同时将蒸气冷凝液化并使之流回原来的器皿中重新受热气化，这样循环往复的气化-液化过程称为回流。回流是有机化学实训中最基本的操作之一，大多数有机化学反应都是在回流条件下完成的。回流液本身可以是反应物，也可以为溶剂。当回流液为溶剂时，其作用在于将非均相反应变为均相反应，或为反应提供必要而恒定的温度，即回流液的沸点温度。此外，回流也应用于某些分离纯化实训中，如重结晶的溶样过程、连续萃取、分馏及某些干燥过程等。

回流的基本装置如图 21－3(a)所示，由热源、热浴、烧瓶和回流冷凝管组成。烧瓶可为圆底瓶、平底瓶、锥形瓶、梨形瓶或尖底瓶。烧瓶的大小应使装入的回流液体积不超过其容积的 3/4，也不少于 1/4。冷凝管可依据回流液的沸点由高到低分别选择空气、直形、球形、蛇形或双水内冷冷凝管。各种冷凝管所适用的温度范围尚无严格的规定，但由于在回流过程中蒸气的升腾方向与冷凝水的流向相同（即不符合“逆流”原则），所以冷却效果不如蒸馏时的冷却效果。为了能将蒸气完全冷凝下来，就需要提供较大的内外温差，所以空气冷凝管一般应用于 160℃以上；直形冷凝管应用于 100～160℃；球形冷凝管应用于 50～160℃；蛇形冷凝管应用于 50～100℃；更低的温度则使用双水内冷冷凝管。由于球形冷凝管适用的温度范围最宽广，所以通常把球形冷凝管叫作回流冷凝管。除了冷凝管的种类外，冷凝管的长度、水温、水速也都是决定冷凝效果的重要因素，所以应根据具体情况灵活选择。

回流装置应自下而上依次安装，各磨口对接时应同轴连接、严密、不漏气、不受侧向作用力，但一般不涂凡士林，以免其在受热时熔化流入反应瓶。如果确需涂凡士林或真空脂，应尽量涂少、涂匀并旋转至透明均一。安装完毕后可用三角漏斗从冷凝管的上口或三口瓶侧口加入回流液。固体反应物应事前加入瓶中，如装置较复杂，也可在安装完毕后卸下侧口上的仪器，投料后投入几粒沸石，重新将仪器装好。开启冷却水（冷却水应自下而上流动），即可开始加热。液体沸腾后调节加热速度，控制气雾上升高度使在冷凝管有效冷凝长度的 1/3 处稳定下来。回流结束，先移去热源、热浴，待冷凝管中不再有冷凝液滴下时关闭冷却水，拆除装置。

当回流与搅拌联用时不加沸石。如无特别说明，一般应先开启搅拌，待搅拌转动平稳后再开启冷却水，点火加热。在结束时应先撤去热源热浴，再停止搅拌，待不再有冷凝液滴下时关闭冷却水。

(2)简单蒸馏和分馏装置。

液体的蒸气压只与温度有关。即液体在一定温度下具有一定的蒸气压。当液态物质受热时蒸气压增大，待蒸气压大到与大气压或所给压力相等时液体沸腾，这时的温度称为液体的沸点。

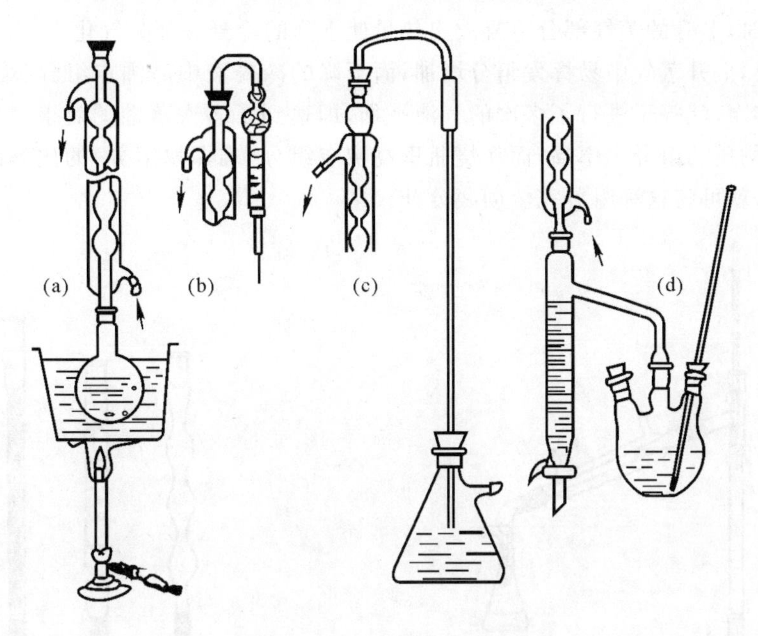

图 21－3　回流的基本装置图

将液体加热至沸腾，使液体变为蒸气，然后使蒸气冷却再凝结为液体，这两个过程的联合操作称为蒸馏（见图 21－4）。蒸馏是提纯液体物质和分离混合物的一种常用方法。纯粹的液体有机化合物在一定的压力下具有一定的沸点（沸程 0.5～1.5℃）。利用这一点，我们可以测定纯液体有机物的沸点，又称常量法。这对鉴定纯粹的液体有机物有一定的意义。

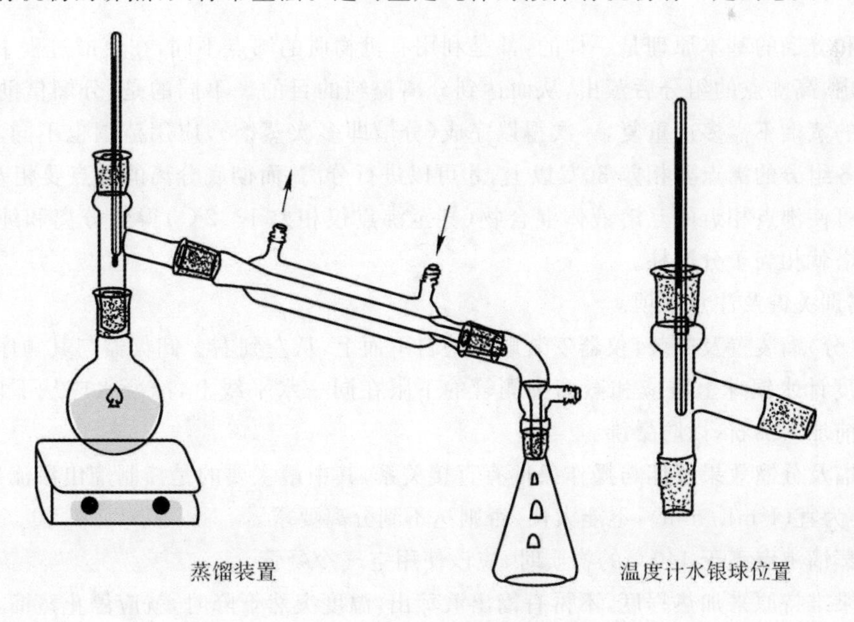

图 21－4　蒸馏装置图

应用分馏柱将几种沸点相近的混合物进行分离的方法称为分馏（见图 21－5）。将几种具有不同沸点而又可以完全互溶的液体混合物加热,当其总蒸气压等于外界压力时,就开始沸腾气化,蒸气中易挥发液体的成分较在原混合液中为多。在分馏柱内,当上升的蒸气与下降的冷凝液互相接触时,上升的蒸气部分冷凝放出热量使下降的冷凝液部分气化,两者之间发生了热量交换,其结果,上升蒸气中易挥发组分增加,而下降的冷凝液中高沸点组分(难挥发组分)增加,如此继续多次,就等于进行了多次的气液平衡,即达到了多次蒸馏的效果。这样靠近分馏柱顶部易挥发物质的组分比率高,而在烧瓶里高沸点组分(难挥发组分)的比率高。这样只要分馏柱足够高,就可将这种组分完全彻底分开。

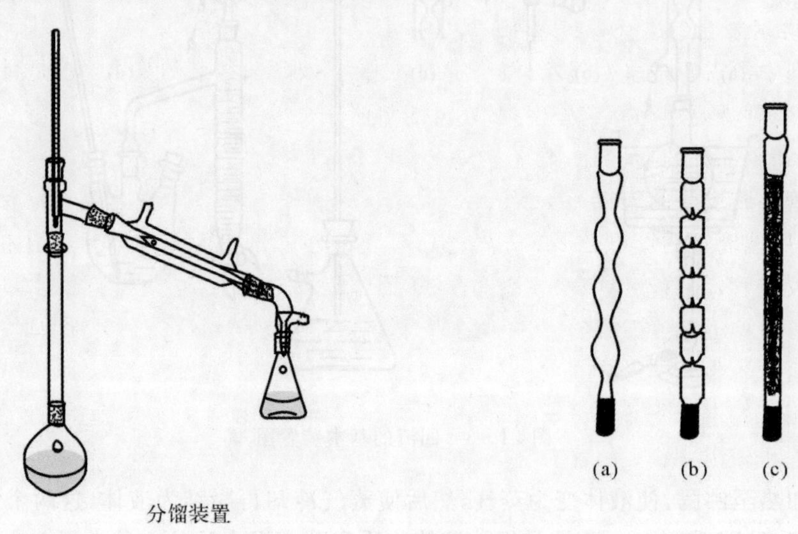

图 21-5 分馏装置图

(a) 球形分馏柱;(b) 韦氏(Vigreux)分馏柱;(c)填充式分馏柱

蒸馏和分馏的基本原理是一样的,都是利用有机物质的沸点不同,在蒸馏过程中低沸点的组分先蒸出,高沸点的组分后蒸出,从而达到分离提纯的目的。不同的是,分馏借助于分馏柱使一系列的蒸馏不需多次重复,一次得以完成(分馏即多次蒸馏),应用范围也不同,蒸馏时混合液体中各组分的沸点要相差 30℃以上,才可以进行分离,而彻底分离的沸点要相差 110℃以上。分馏可使沸点相近的互溶液体混合物(甚至沸点仅相差 1～2℃)得到分离和纯化。工业上的精馏塔就相当于分馏柱。

(3)实训关键及注意事项。

1)蒸(分)馏装置及安装:仪器安装顺序为自下而上,从左到右。卸仪器与其顺序相反。

2)温度计水银球上限应和蒸馏头侧管的下限在同一水平线上,冷凝水应从下口进,上口出。蒸馏前加入沸石,以防暴沸。

3)蒸馏及分馏效果好坏与操作条件有直接关系,其中最主要的是控制馏出液流出速度,以1～2 滴/s 为宜(1 mL/min),不能太快,否则达不到分离要求。

4)当蒸馏沸点高于 140℃的物质时,应该使用空气冷凝管。

5)如果维持原来加热程度,不再有馏出液蒸出,温度突然下降时,就应停止蒸馏,即使杂质含量很少也不能蒸干,特别是蒸馏低沸点液体时更要注意不能蒸干,否则易发生意外事故。蒸馏完毕,先停止加热,后停止通冷却水,拆卸仪器,其程序和安装时相反。

6)简单分馏操作和蒸馏大致相同,要很好地进行分馏,必须注意下列几点。

a. 分馏一定要缓慢进行，控制好恒定的蒸馏速度（1～2 滴/s），这样可以得到比较好的分馏效果。

b. 要使有相当量的液体沿柱流回烧瓶中，即要选择合适的回流比，使上升的气流和下降液体充分进行热交换，使易挥发组分量上升，难挥发组分尽量下降，分馏效果更好。

c. 必须尽量减少分馏柱的热量损失和波动。柱的外围可用石棉包住，这样可以减少柱内热量的散发，减少风和室温的影响也减少了热量的损失和波动，使加热均匀，分馏操作平稳地进行。

3. 有机实训装置的连接和拆卸

化学实训中常需要把多件仪器，按一定的要求组装成套，组装的基本要求是科学、安全、方便、美观。组装时既要遵循一定程序，又要灵活掌握。

(1)仪器和零部件的连接。

1)玻璃管跟胶皮管的连接。

首先，选用玻璃管的管口必须事先用火灼熔过，以去掉其锋利的断口。选用内径稍小于玻璃管外径的胶皮管，在管端蘸点水作滑润剂，或用嘴吹一吹使胶皮管口内壁微潮并温软，两手分别捏住两管口的近端，将胶皮管从下缘开始套入，套入的长短以严密、牢固为度。

2)玻璃管插入带孔的橡皮塞。

首先选用与容器口配套的橡皮塞。左手拿橡皮塞，右手拿玻璃管靠近要插入塞子的一端，先将管端蘸点水做滑润剂，靠拇、食指微微用力，将玻璃管慢慢转入塞孔。注意，切不可使着力点离塞太远，也不要猛力直插，尤其是往弯管上装橡皮塞时，更要注意玻璃管上的着力点，只能落在靠近塞子的直管部位，千万不要只图拿着方便，以至扭断弯管造成割伤（见图 21－6）。

3)橡皮塞的安装。

先选好大小适宜的塞子（一般以塞子能进入容器口 1/2 左右为宜），塞塞子时，以左手握稳容器（如试管、烧瓶等）的颈部，右手拿住橡皮塞（或事先装好玻璃导管的橡皮塞），边塞边转动，直至严密为度。

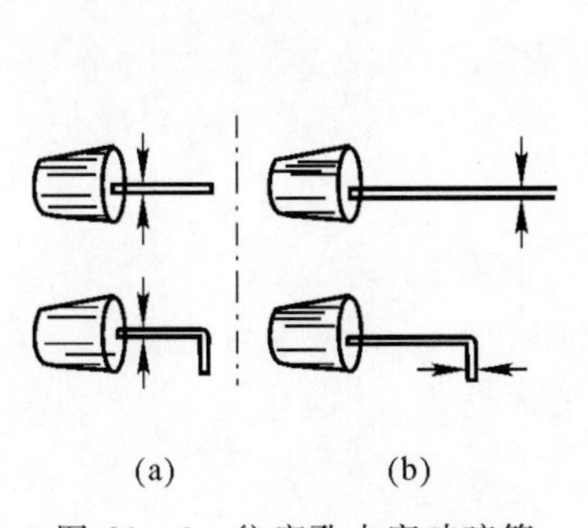

图 21－6　往塞孔中穿玻璃管

(a) 正确的着力点；(b) 错误的着力点

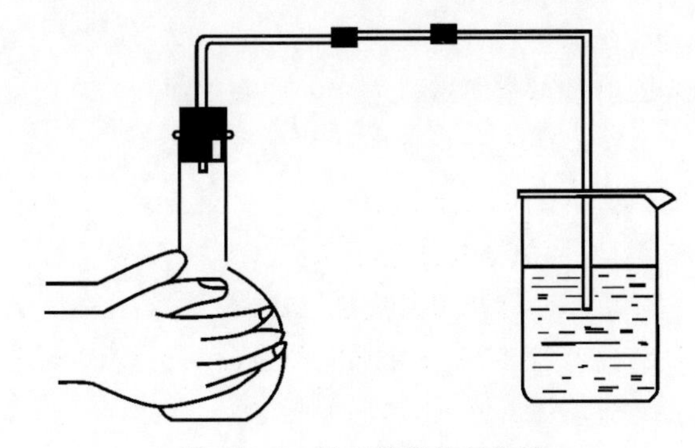

图 21－7　检查装置的气密性

(2)仪器的安装与拆卸。

铁架台的杆一般放在仪器的后边，有时为了操作方便，也可以放在仪器的左边或右边。但无论如何都必须使所承受的仪器的重心落在铁架台座的中心部位。固定仪器的铁夹有大有小，一般应选择与仪器大小相适应的。夹子的松紧要适当，以刚好将仪器固定为度。夹持的部位应靠近容器口。夹持较大容器(如烧瓶)时,其底部应有支撑物,如台面、铁圈或三脚架上的石棉网等。

安装多件仪器的组合时,要了解实训的目的、方法、步骤,了解各种仪器的性能结构和各部件之间的相互关系。组装时先按要求配好管、塞,然后由低到高,按反应流程从反应器到接受器依次连接(一般是从左到右)。在连接前和连接时应适当调整其高度。检查仪器组装得是否牢稳、合理、美观。只有在检查气密性之后,才允许往仪器中添加试剂。

拆卸仪器时,一般先拆开各仪器间的连接导管,然后由后往前、由高到低依次拆卸。特殊情况可灵活处理。总的原则是不能违反仪器自身的性能和使用规则。

(3)装置的气密性检查。

仪器装好后,在放入试剂前先要检查是否漏气,以免出现漏气现象,而导致实训失败,甚至还会发生危险。

当全套仪器只有一个导管出口时,可把导管口没入水中,然后用手(或热毛巾)包围仪器外部(见图 21-7),若导管口有气泡冒出,且当仪器冷却时,水能自导管口上升一段,而水柱持续不落,表明装置不漏气。

如果查出装置漏气,一定要找出原因,乃至更换元部件,不可勉强敷衍。

三、思考题

(1)蒸馏和分馏有何相同之处?又有何不同?

(2)有机实验装置安装和拆卸有何原则?在实验中能随意改变吗?

(3)有机实验装置安装好后,可直接加药品反应吗?为什么?

项目二十二　肥皂的制备

一、实训目的

(1)掌握肥皂制备的原理和方法。

(2)学习有机实训装置的安装和拆卸,掌握回流基本实训操作。

(3)了解盐析的原理和方法。

二、实训原理

皂化反应是碱催化下的酯水解反应,尤指油脂的水解。狭义地讲,皂化反应仅限于油脂与氢氧化钠混合,得到高级脂肪酸的钠盐和甘油的反应。这个反应是制造肥皂流程中的一步,也因此而得名。

油脂和氢氧化钠共煮,水解为高级脂肪酸钠和甘油,前者经加工成形后就是肥皂。脂肪和植物油的主要成分是甘油三酯,它们在碱性条件下水解的方程式为

$$\begin{array}{l} CH_2OCOR \\ | \\ CHOCOR + 3NaOH \xrightarrow{\text{加热}} 3R—COONa + CH_2OH—CHOH—CH_2OH \\ | \\ CH_2OCOR \end{array}$$

R 基可能不同,但生成的 R—COONa 都可以做肥皂。

向溶液中加入饱和氯化钠溶液可以分离出脂肪酸钠,这一过程叫盐析。高级脂肪酸钠是肥皂的主要成分,经填充剂处理可得块状肥皂。

注意:

1)油脂不易溶于碱水,加入酒精是为了增加油脂在碱液中的溶解度,加快皂化反应速度。

2)加热若不用水浴,则须用小火,以防温度过高,泡沫溢出。

3)皂化液和添加的混合液中乙醇含量较高,易燃烧,应注意安全。

4)肥皂和甘油在碱水中形成胶体,不易分离。加入饱和食盐水可破坏胶体,使肥皂凝聚并从混合液中分离出来。

三、仪器和试剂

仪器:玻璃棒、三脚架、圆底烧瓶、冷凝管、加热套。

试剂:猪油(或其他动植物脂或油),NaOH,95%酒精,饱和食盐水。

四、实训内容

1)在小烧杯中称取 6 g 猪油,加 5 mL 95%的酒精,搅拌,使其溶解(必要时可用微火加热),完全溶解后,转入 250 mL 烧瓶中,再加 10 mL 40%的 NaOH 溶液,摇匀,加几粒沸珠。

2)把烧瓶放在加热套上(或水浴中),装上冷凝管,打开水龙头,使水充满冷凝管,打开加热

套缓慢加热，使其充分反应。

3)配制 150 mL 饱和食盐水，待用(30g 氯化钠＋100g 水)。

4)保持微沸 50 min 后停止加热，拆掉冷凝管，将烧瓶中的产物慢慢倒入饱和食盐溶液中，边加边搅拌。静置后，肥皂便盐析上浮，待肥皂全部析出、凝固后用玻棒取出，进行抽滤，肥皂即制成。

五、思考题

(1)皂化反应后，为什么要进行盐析？

(2)肥皂是依据什么原理制备的？除猪油外，还有哪些物质可用来制备肥皂？

项目二十三　乙酸乙酯的制备

一、实训目的

(1)掌握乙酸乙酯的制备原理及方法,掌握可逆反应提高产率的措施。

(2)学习液体有机物的蒸馏、洗涤和干燥等基本操作。

(3)进一步练习并熟练掌握液体产品的纯化方法。

二、实训原理

1. 实训基本原理

乙酸乙酯的合成方法很多,例如:可由乙酸或其衍生物与乙醇反应制取,也可由乙酸钠与卤乙烷反应来合成等。其中最常用的方法是在酸催化下由乙酸和乙醇直接酯化法。常用浓硫酸、氯化氢、对甲苯磺酸或强酸性阳离子交换树脂等作催化剂。若用浓硫酸作催化剂,其用量取醇的0.3%即可。其反应如下:

主反应:$CH_3COOH + CH_3CH_2OH \xrightleftharpoons{H_2SO_4} CH_3COOCH_2CH_3 + H_2O$

副反应:$2CH_3CHm2OH \xrightleftharpoons{H_2SO_4} CH_3CH_2OCH_2CH_3 + H_2O$

$$CH_3CH_2OH \xrightarrow{H_2SO_4} CH_2{=}CH_2 + H_2O$$

酯化反应为可逆反应,提高产率的措施:一方面加入过量的乙醇,另一方面在反应过程中不断蒸出生成的产物和水,促进平衡向生成酯的方向移动。反应中,浓硫酸除起催化作用外,还吸收反应生成的水,有利于酯的形成。反应温度过高,会使副反应发生,生成乙醚等。

2. 实训流程图

实训流程如图23-1所示。

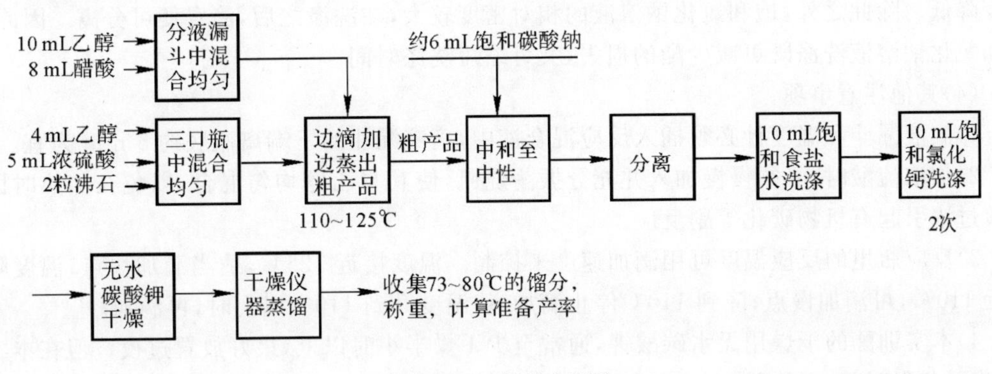

图23-1　实训流程图

3. 实训操作要点及说明

(1)本实训一方面加入过量乙醇,另一方面在反应过程中不断蒸出产物,促进平衡向生成酯的方向移动。乙酸乙酯和水、乙醇形成二元或三元共沸混合物，共沸点都比原料的沸点低，故可在反应过程中不断将其蒸出。这些共沸物的组成和沸点如下：

共沸物组成	共沸点
乙酸乙酯 91.9%，水 8.1%	70.4℃
乙酸乙酯 69.0%，乙醇 31.0%	71.8℃
乙酸乙酯 82.6%，乙醇 8.4%，水 9.0%	70.2℃

最低共沸物是三元共沸物，其共沸点为 70.2℃，二元共沸物的共沸点为 70.4℃和71.8℃，三者很接近，蒸出来的可能是二元组成和三元组成的混合物。加过量 48%的乙醇，一方面使乙酸转化率提高，另一方面可使产物乙酸乙酯大部分蒸出或全部蒸出反应体系，进一步促进乙酸的转化，即在保证产物以共沸物蒸出时，反应瓶中，仍然是乙醇过量。

(2)本实训的关键问题是控制酯化反应的温度和滴加速度。

1)控制反应温度在 120℃左右。若温度过低，则酯化反应不完全；若温度过高(>140℃)，则易发生醇脱水和氧化等副反应：

$$2CH_3CH_2OH \xrightarrow{H_2SO_4} CH_3CH_2OCH_2CH_3 + H_2O$$

$$CH_3CH_2OH \xrightarrow{H_2SO_4} CH_3CHO \xrightarrow{H_2SO_4} CH_3COOH$$

故要严格控制反应温度。

2)要正确控制滴加速度，滴加速度过快，会使大量乙醇来不及发生反应而被蒸出，同时也造成反应混合物温度下降，导致反应速度减慢，从而影响产率；滴加速度过慢，又会浪费时间，影响实训进程。

(3)本实训用饱和氯化钙溶液洗涤之前，要用饱和氯化钠溶液洗涤，不可用水代替饱和氯化钠溶液。粗制乙酸乙酯用饱和碳酸钠溶液洗涤之后，酯层中残留少量碳酸钠，若立即用饱和氯化钙溶液洗涤会生成不溶性碳酸钙，往往呈絮状物存在于溶液中，使分液漏斗堵塞，所以在用饱和氯化钙溶液洗涤之前，必须用饱和氯化钠溶液洗涤，以便除去残留的碳酸钠。乙酸乙酯在水中的溶解度较大，15℃时100 g水中能溶解8.5 g，若用水洗涤，必然会有一定量的酯溶解在水中而造成损失。此外，乙酸乙酯的相对密度(0.900 5)与水接近，在水洗后很难立即分层。因此，用水洗涤是不可取的。饱和氯化钠溶液既具有水的性质，又具有盐的性质，一方面它能溶解碳酸钠，从而将其从酯中除去；另一方面它对有机物起盐析作用，使乙酸乙酯在水中的溶解度降低。除此之外，饱和氯化钠溶液的相对密度较大，在洗涤之后，静置便可分离。因此，用饱和氯化钠溶液洗涤既可减少酯的损失，又可缩短洗涤时间。

(4)其他注意事项。

1)滴液漏斗和温度计必须插入反应混合液中，滴液漏斗的下端离瓶底约 5 mm 为宜。

2)加浓硫酸时，必须慢慢加入并充分振荡烧瓶，使其与乙醇均匀混合，以免在加热时因局部酸过浓引起有机物碳化等副反应。

3)反应瓶里的反应温度可用滴加速度来控制。温度接近 125℃，适当滴加快点；温度降到接近 110℃，可滴加慢点；降到 110℃停止滴加；待温度升到 110℃以上时，再滴加。

4)本实训酯的干燥用无水碳酸钾，通常至少干燥半小时以上，最好放置过夜。但在本实训中，为了节省时间，可放置 10 min 左右。由于干燥不完全，可能前馏分多些。

三、仪器和试剂

仪器：三口烧瓶、温度计(0～200℃，0～100℃各一支)、滴液漏斗、冷凝管(球形、直形各一个)、蒸馏头号、接引管、锥形瓶、加热套、pH 试纸(1～14)、分液漏斗、电子天平、量筒(10 mL)。

试剂:乙酸、乙醇、浓硫酸、氯化钙、碳酸钠、氯化钠、无水碳酸钾。

四、实训内容

(1)乙酸乙酯的合成。

在三颈瓶中,加入 8 mL 乙醇,摇动下慢慢加入 10 mL 浓硫酸,使其混合均匀,并加入几粒沸石。三颈瓶一侧口插入温度计,另一侧口插入滴液漏斗,漏斗末端应浸入液面以下,中间口安装冷凝管,整个装置如图 23-2 所示。

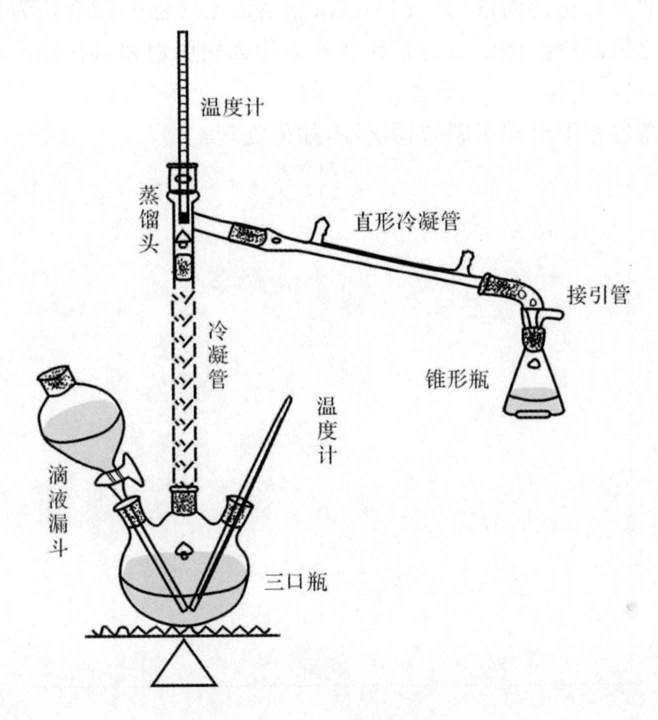

图 23-2　实训装置图

仪器装好后,在滴液漏斗内加入 20 mL 乙醇和 16 mL 冰醋酸,混合均匀,先向瓶内滴入约 2 mL 的混合液,然后,将三颈瓶加热到 110～120℃,这时蒸馏管口应有液体流出,再自滴液漏斗慢慢滴入其余的混合液,控制滴加速度和馏出速度大致相等,并维持反应温度在 110～125℃之间,滴加完毕后,继续加热10 min,直至温度升高到 130℃不再有馏出液为止。

(2)乙酸乙酯的提纯。

1)提纯。馏出液中含有乙酸乙酯及少量乙醇、乙醚、水和醋酸等,在摇动下,慢慢向粗产品中加入饱和的碳酸钠溶液(约 10 mL)至无二氧化碳气体放出,酯层用 pH 试纸检验呈中性。移入分液漏斗中,充分振摇(注意及时放气!)后静置,分去下层水相。酯层用 10 mL 饱和食盐水洗涤后,再每次用 10 mL 饱和氯化钙溶液洗涤两次,弃去下层水相,酯层自漏斗上口倒入干燥的锥形瓶中,用无水碳酸钾干燥。

2)蒸馏。将干燥好的粗乙酸乙酯小心倾入 60 mL 的梨形蒸馏瓶中(不要让干燥剂进入瓶中),加入沸石后在水浴上进行蒸馏,收集 73～80℃的馏分,产品 5～8 g。

五、实训结果分析

$$产率=\frac{V_{产品}}{V_{理论}}\times 100\%$$

六、思考题

(1) 为什么使用过量的乙醇?

(2) 蒸出的粗乙酸乙酯中主要含有哪些杂质? 如何逐一除去?

(3) 能否用浓的氢氧化钠溶液代替饱和碳酸钠溶液来洗涤蒸馏液? 为什么?

(4) 用饱和氯化钙溶液洗涤的目的是什么? 为什么先用饱和氯化钠溶液洗涤? 是否可用水代替?

(5) 如果在洗涤过程中出现了碳酸钙沉淀,如何处理?

项目二十四　1-溴丁烷的制备

一、实训目的

(1)学习由醇制备溴代烃的原理及方法。

(2)练习回流及有害气体吸收装置的安装与操作。

(3)练习液体产品的纯化方法——洗涤、干燥、蒸馏等操作。

二、实训原理

卤代烷制备中的一个重要方法是由醇和氢卤酸发生亲核取代来制备。反应一般在酸性介质中进行。实训室制备正溴丁烷是用正丁醇与氢溴酸反应制备,由于氢溴酸是一种极易挥发的无机酸,因此在制备时采用溴化钠与硫酸作用产生氢溴酸直接参与反应。在该反应过程中,常常伴随消除反应和重排反应的发生:

主反应为

$$NaBr + H_2SO_4 \longrightarrow HBr + NaHSO_4$$

$$n-C_4H_9OH + HBr \xrightleftharpoons{H_2SO_4} n-C_4H_9Br + H_2O$$

可能副反应为

$$CH_3CH_2CH_2CH_2OH \xrightarrow{H_2SO_4} CH_3CH_2CH{=}CH_2 + H_2O$$

$$2CH_3CH_2CH_2CH_2OH \xrightarrow{H_2SO_4} (CH_3CH_2CH_2CH_2)_2 + H_2O$$

本实训反应为可逆反应,提高产率的措施是让 HBr 过量,并用 NaBr 和 H_2SO_4 代替 HBr,边生成 HBr 边参与反应,这样可提高 HBr 的利用率;H_2SO_4 还起到催化脱水作用。反应中,为防止反应物醇被蒸出,采用了回流装置。由于 HBr 有毒害,为防止 HBr 逸出,污染环境,需安装气体吸收装置。回流后再进行粗蒸馏,一方面使生成的产品 1-溴丁烷分离出来,便于后面的洗涤操作;另一方面,粗蒸过程可进一步使醇与 HBr 的反应趋于完全。粗产品中含有未反应的醇和副反应生成的醚,用浓 H_2SO_4 洗涤可将它们除去,因为二者能与浓 H_2SO_4 形成鎓盐:

$$C_4H_9OH + H_2SO_4 \longrightarrow [C_4H_9\overset{+}{O}H_2]HSO_4^-$$

$$C_4H_9OC_4H_9 + H_2SO_4 \longrightarrow [C_4H_9\underset{H}{\overset{+}{O}}H_2]HSO_4^-$$

如果 1-溴丁烷中含有正丁醇,蒸馏时会形成沸点较低的前馏分(1-溴丁烷和正丁醇的共沸混合物沸点为 98.6℃,含正丁醇 13%),从而导致精制品产率降低。

三、仪器和试剂

仪器:圆底烧瓶、分液漏斗、球形冷凝管、气体吸收装置、三角漏斗、量筒、温度计(0～150℃)、锥形瓶、三角烧瓶、加热套、直形冷凝管、蒸馏头、尾接管、电子天平等。

试剂:正丁醇、溴化钠、5%氢氧化钠溶液、饱和碳酸钠溶液、无水氯化钙、浓 H_2SO_4、亚硫酸氢钠。

四、实训内容

1)在圆底烧瓶中加入 10 mL 的水,并小心缓慢地加入 14 mL 浓硫酸,混合均匀后冷至室温。再依次加入 9.2 mL 正丁醇和 13 g 无水溴化钠,充分摇匀后加入几粒沸石,装上回流冷凝管和气体吸收装置。用电热套加热至沸,调节温度使反应物保持沸腾而又平稳回流。由于无机盐水溶液密度较大,不久会产生分层,上层液体为正溴丁烷,回流约需 30 min。

2)反应完成后,待反应液冷却,卸下回流冷凝管,换上 75°弯管,改为蒸馏装置,蒸出粗产品正溴丁烷,仔细观察馏出液,直到无油滴蒸出为止。

3)将馏出液转入分液漏斗中,用等体积的水洗涤,将油层从下面放入一个干燥的小锥形瓶中,分两次加入 3 mL 浓硫酸,每一次都要充分摇匀,如果混合物发热,可用冷水浴冷却。将混合物转入分液漏斗中,静置分层,放出下层的浓硫酸。有机相依次用等体积的水(如果产品有颜色,在这步洗涤时,可加入少量亚硫酸氢钠,振摇几次就可除去)、饱和碳酸钠溶液、水洗涤后,转入干燥的锥形瓶中,加入 2 g 左右的块状无水氯化钙干燥,间歇摇动锥形瓶,至溶液澄清为止。将干燥好的产物转入蒸馏瓶中(小心,勿使干燥剂进入烧瓶中),加入几粒沸石,用电热套加热蒸馏,收集 99～103℃的馏分,称其质量,计算产率。

五、思考题

(1)加料时,先使溴化钠与浓硫酸混合,然后加正丁醇及水,可以吗?为什么?

(2)什么时候用气体吸收装置?怎样选择吸收剂?

(3)反应后的产物可能含哪些杂质?各步洗涤的目的何在?用浓硫酸洗涤时为何要用干燥的分液漏斗?

项目二十五　甲基红离解平衡常数的测定

一、实训目的

(1)熟练用分光光度法测定溶液各组分浓度。

(2)掌握由浓度求甲基红离解平衡常数。

(3)强化可见分光光度计的使用方法和要求。

二、实训原理

分光光度法是对物质进行定性分析、结构分析和定量分析的一种手段,而且还能测定某些化合物的物化参数,例如摩尔质量,配合物的配合比和稳定常数以及酸碱电力常数等。测定组分浓度的依据是朗伯-比尔定律。

甲基红是一种弱酸型的染料指示剂,具有酸(HMR)和碱(MR^-)两种形式。其分子式为

COOH

N=N　N$(CH_3)_2$

它在溶液中部分电离,在碱性溶液中呈黄色,酸性溶液中呈红色。在酸性溶液中它以两种离子形式存在:

$CO_2^{\ominus}$　$\oplus$　$CO_2^{\ominus}$

$(CH_3)_2$)—N—　—N=N—　⟷　$(CH_3)_2$—N=　=N—N

H

酸(HMR)—红

$OH^{\ominus}$　$H^{\oplus}$

$CO_2^{\ominus}$

$(CH_3)_2$N—　—N=N—

碱(MR^-)—黄

简单地写成

$$HMR \rightleftharpoons H^+ + MR^-$$

甲基红的酸形式　　甲基红的碱形式

在波长 520nm 处,甲基红酸式 HMR 对光有最大吸收,碱式吸收较小;在波长 430 nm 处,甲基红碱式 MR^- 对光有最大吸收,酸式吸收较小。可得

$$[MR^-]/[HMR] = (A_{430}^{总} K'^{HMR}_{530} - A_{520}^{总} K'^{HMR}_{430})/(A_{520}^{总} K'^{MR^-}_{430} - A_{430}^{总} K'^{MR^-}_{520})$$

由于 HMR 和 MR 两者在可见光谱范围内具有强的吸收峰，溶液离子强度的变化对它的酸离解平衡常数没有显著影响，而且在 $CH_3COOH-CH_3COONa$ 缓冲体系中就很容易使颜色在 pH＝4～6 范围内改变，因此比值$[MR^-]/[HMR]$可用分光光度法测定。

甲基红的电离常数：

$$k=\frac{[H^+][MR^-]}{[HMR]}$$

令$-\lg K=pK$，则

$$pK=pH-\lg\frac{[MR^-]}{[HMR]}$$

由此式可知，只要测定溶液中$[MR^-]/[HMR]$及溶液的 pH 值(用 pH 计测得)，即可求得甲基红的 pK。

三、仪器和试剂

仪器：722 型分光光度计，容量瓶，移液管，量筒(50 mL)，滴定管。

试剂：甲基红，95％酒精，0.1 $mol \cdot L^{-1}$ HAc，0.01 $mol \cdot L^{-1}$ HCl，0.01 $mol \cdot L^{-1}$ NaAc，0.04 $mol \cdot L^{-1}$ NaAc。

四、实训内容

(1)甲基红储备溶液的配制：用研钵将甲基红研细，称取 1 g 甲基红固体溶解于 500 mL 95％酒精中。

(2)甲基红标准溶液的配制：由公用滴定管放出 5 mL 甲基红储备液于 100 mL 容量瓶，用量筒加入 50 mL 95％酒精，用蒸馏水稀释至刻度，摇匀。储备溶液呈深红色，稀释成标准溶液后颜色变浅。

(3)A 溶液(纯酸式)和 B 溶液(纯碱式)的配制。

A 溶液：取 10.00 mL 甲基红标准溶液，加 10.00 mL0.1 $mol \cdot L^{-1}$ HCl，再加水稀释至 100 mL，此时溶液 pH 大约为 2，故此时溶液的甲基红以 HMR 形式存在。B 溶液：取 10.00 mL甲基红标准溶液，加 25.00 mL0.04 mol. L^{-1} NaAc，再加水稀释至 100 mL，此时溶液 pH 大约为 8，故此时溶液的甲基红以 MR^- 形式存在。

A 溶液呈红色，B 溶液呈黄色。

(4)最大吸收波长的测定。

A 溶液的最高吸收峰：取两个 1 cm 比色皿，分别装入蒸馏水和 A 溶液，以蒸馏水为参比，从 420～600 nm 波长之间每隔 20 nm 测一次吸光度。在 500～540 nm 之间每隔 10nm 测一次吸光度，以便精确求出最高点之波长。

B 溶液的最高吸收峰：取两个 1 cm 比色皿，分别装入蒸馏水和 B 溶液，以蒸馏水为参比，从 410～530 nm 波长之间每隔 20nm 测一次吸光度。在 410～450 nm 之间每隔 10 nm 测一次吸光度，以便精确求出最高点之波长。操作分光光度计时应注意，每次更换波长都应重新在蒸馏水处调整 T 挡为 100％，然后再切换到 A 挡，测定溶液 A 值。

(5)按表 25－1 和表 25－2 分别配制不同浓度的溶液：

表 25－1　不同浓度的以酸式为主的甲基红溶液的配制

溶液编号	A 溶液的体积分数	A 溶液/ mL	0.1 mol·L^{-1} HCl/ mL
0#	100%	20.00	0.00
1#	75%	15.00	5.00
2#	50%	10.00	10.00
3#	25%	5.00	15.00

表 25－2　不同浓度的以碱式为主的甲基红溶液的配制

溶液编号	B 溶液的体积分数	B 溶液/ mL	0.1 mol·L^{-1} NaAc/ mL
0′#	100%	20.00	0.00
4#	75%	15.00	5.00
5#	50%	10.00	10.00
6#	25%	5.00	15.00

配制完后分别测得 8 种溶液在 520 nm 及 430 nm 处的吸光度 A。

(6)配制不同 pH 下的甲基红溶液。配制完后分别测得 4 种溶液在 520 nm 及 430 nm 处的吸光度 A(见表 25－3)。

表 25－3　按照下表配制 4 种溶液

溶液编号	标准溶液/ mL	0.1 mol·L^{-1} HCl/ mL	0.04 mol·L^{-1} NaAc/ mL
7#	100%	20.00	0.00
8#	75%	15.00	5.00
9#	50%	10.00	10.00
10#	25%	5.00	15.00

在(5)(6)步骤中测量溶液的吸光度时，一个比色皿要使用多次，在更换溶液时要清洗干净，再换装溶液。

五、数据记录与处理

1. 数据记录

(1)纯酸式甲基红 HMR(A 溶液)和纯碱式甲基红 MR^-(B 溶液)最高吸收峰的测定。测得的纯酸式甲基红 HMR(A 溶液)和纯碱式甲基红 MR^-(B 溶液)在不同波长时的吸光度见表 25－4。

表 25-4 吸光度记录

纯酸式甲基红 HMR(A溶液)		纯碱式甲基红 MR^-(B溶液)	
λ/nm	吸光度 A	λ/nm	吸光度 A
420		410	
440		420	
460		430	
480		440	
500		450	
510		470	
520		490	
530		510	
540		530	
560		—	—
580		—	—
600		—	—

(2)以酸式为主和以碱式为主的甲基红各溶液吸光度的测定。

将 0#,0′#,1#～6#溶液在波长 520 nm,430 nm 下分别测定吸光度,以蒸馏水为参比溶液,数据记录在表 25-5 中.

表 25-5 吸光度记录

溶液编号	$A_{520}^{总}$	$A_{430}^{总}$
0#		
1#		
2#		
3#		
0′#		
4#		
5#		
6#		

(3)不同[MR^-]/[HMR]值的甲基红溶液吸光度的测定。

将 7#～10#溶液在波长 520nm,430nm 下分别测其吸光度,以蒸馏水为参比溶液,数据记录在表 25-6 中。

表 25－6　吸光度记录

溶液编号	$A_{520}^{总}$	$A_{430}^{总}$
7#		
8#		
9#		
10#		

(4)甲基红溶液 pH 的测定。

用 pH 计分别测定上述 7#～10# 溶液的 pH，测得的 pH 记录在表 25－7 中。

表 25－7　pH 记录

溶液编号	7#	8#	9#	10#
pH				

2. 数据处理

(1)作出 A 溶液和 B 溶液的 $A-\lambda$ 图。

(2)求 A 溶液和 B 溶液的摩尔消光系数。

(3)计算甲基红溶液中$[MR^-]/[HMR]$值。

(4)甲基红溶液离解平衡常数 K 的计算。

六、思考题

(1)为何要先测出最大吸收波长，然后在最大吸收峰处测定吸光度？

(2)为何待测液要配成稀溶液？

(3)用分光光度法进行测定时，为何要用空白溶液校正零点？

项目二十六 恒温槽装配和性能测试

一、实训目的

(1)了解恒温槽的构造及其恒温原理,学会恒温槽的装配技术。

(2)掌握绘制恒温槽的灵敏度曲线的方法。

(3)掌握测定恒温槽灵敏度的方法和原理。

二、实训原理

物质的物理化学性质,如电导、黏度、密度、蒸气压、表面张力、折光率、化学反应速率常数等都与温度有关,要测定这些性质必须在恒温条件下进行,因此,掌握恒温技术非常必要。

恒温控制可分为两类,一类是利用物质的相变点温度来获得恒温,但温度的选择受到很大限制;另外一类是利用电子调节系统进行温度控制。此方法控温范围宽、可以任意调节设定温度。恒温槽一般由浴槽、电接点温度计、继电器、加热器、搅拌器和温度计组成,具体装置示意如图 26-1 所示。继电器必须和电接点温度计、加热器配套使用。

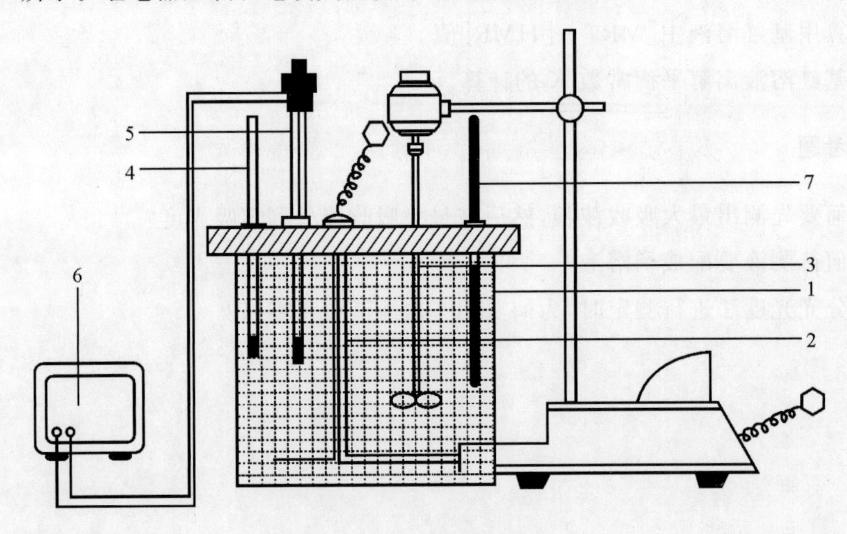

图 26-1 恒温槽装置图

1—玻璃缸;2—加热器;3—搅拌器;4—温度计;5—电接点温度计;6—继电器;7—贝克曼温度计

浴槽:通常采用玻璃缸,有利于观察,其容量和形状可以根据具体的需要而选择。

恒温介质:浴槽内的液体一般采用蒸馏水,根据温度控制范围,可用以下液体介质:零下60～30℃用乙醇或乙醇水溶液;0～90℃用水;80～160℃用甘油或甘油水溶液;70～300℃用液状石蜡、润滑油、硅油等。

加热器:在要求设定温度比室温高的情况下,必须不断供给热量以及补偿水浴向环境散失的热量。电加热器的选择原则是热容量小、导热性能好、功率适当。

搅拌器：一般采用 40W 的电动搅拌器，用变速器来调节搅拌速度。搅拌器一般应安装在加热器附近，使热量迅速传递，便于使槽内各部位温度均匀。

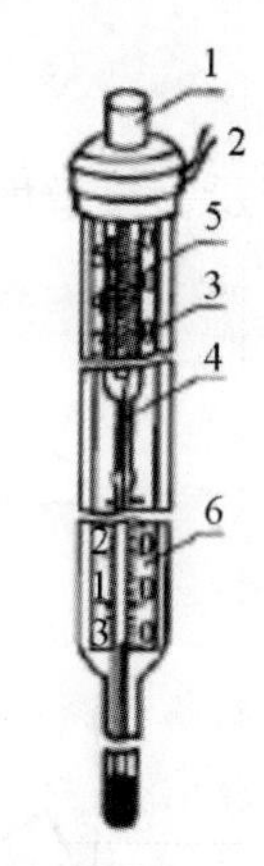

图 26－2　电接点温度计结构示意图

1—磁性螺旋调节器；　2—电极引出线；

3—指示螺母；　4—可调电极；

5—上标尺；　6—下标尺

电接点温度计：又称为导电表，是一支可以导电的特殊温度计。其结构如图 26－2、图 26－3 所示。它有两个电极，一个固定与底部的水银球相连，另一个可调电极金属丝，由上部伸入毛细管内。顶端有一磁铁，可以旋转螺旋丝杆，用以调节金属丝的高低位置，从而调节设定温度。其工作原理是：当温度升高时，毛细管中水银柱上升与一金属丝接触，两电极导通，使继电器线圈中电流断开，加热器停止加热；当温度降低时，水银柱与金属丝断开，继电器线圈通过电流，使加热器线路接通，温度又回升。如此不断反复，使恒温槽控制在一个微小的温度区间波动，被测体系的温度也就限制在一个相应的微小区间内，从而达到恒温的目的。本实验用温度控制器和温度传感器代替。

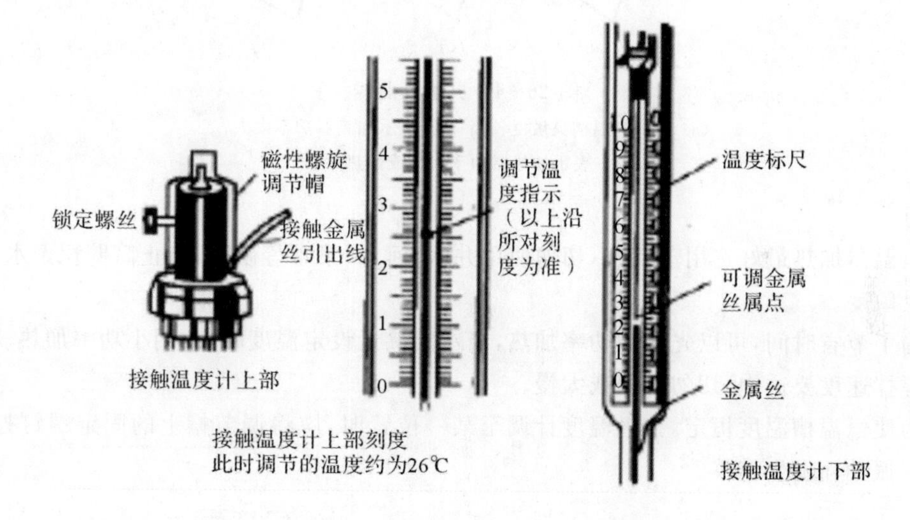

图 26－3　接触温度计结构示意图

恒温控制器：恒温槽之所以能维持恒温，主要依靠恒温控制器来控制恒温槽的热平衡。当恒温槽因对外散热而使温度降低时，恒温控制器就使恒温槽内的加热器工作，待加热到所需的温度时，它又使加热器停止加热，这样就可以使槽温维持恒定。恒温槽的温度控制装置属于“通”“断”类型，当加热器接通后，恒温介质温度上升，热量的传递使水银温度计中的水银柱上升，但热量的传递需要时间，常出现温度传递的滞后，因此恒温槽的温度必高于设定温度。同理，降温时也会出现滞后现象。衡量恒温水浴的品质好坏，可以用恒温水浴灵敏度来衡量。

恒温槽灵敏度的测定，是在指定温度下观察温度的波动情况。用较灵敏的温度计，如贝克曼温度计，记录温度随时间的变化，最高温度为 t_1(℃)，最低温度为 t_2(℃)，恒温槽的灵敏度为 T_e(℃)，计算公式如下：

$$T_e = \pm \frac{t_1 - t_2}{2}$$

图 26-4 所示为灵敏度曲线。

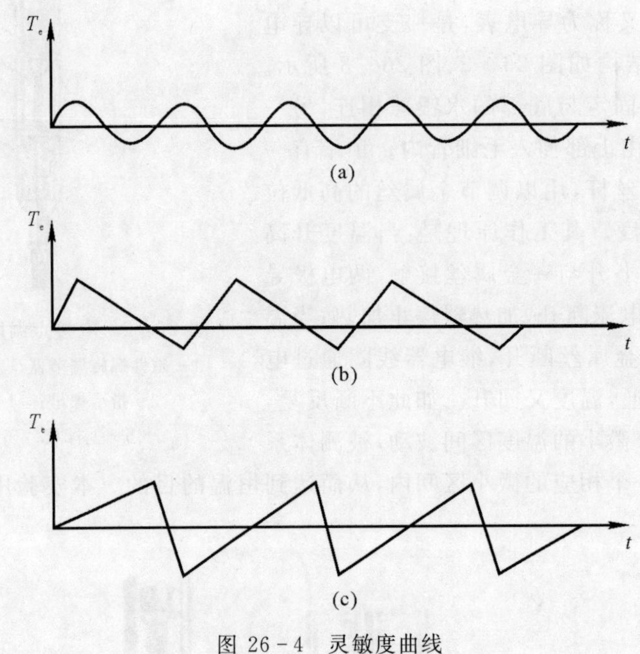

图 26-4 灵敏度曲线

(a) 表示恒温槽灵敏度较高；(b) 表示加热器功率太大；
(c) 表示加热器功率太小或散热太快

注意：

1)恒温器加热最好选用蒸馏水，切勿使用井水、河水、泉水等硬水，防止筒壁积聚水垢而影响恒温灵敏度。

2)为了节省时间，可以先用大功率加热，当水温接近设定温度时，改用小功率加热。

3)搅拌速度要适中，切勿太快或太慢。

4)为使恒温槽温度恒定，接触温度计调至某一位置时，应将调节帽上的固定螺钉拧紧，以免使之因振动而发生偏移。

三、仪器和试剂

仪器：玻璃缸、水银温度计(0～50℃)、温度控制器一套(加热器、温度传感器、温度控制器)搅拌器、秒表。

试剂：蒸馏水。

四、实训内容

(1)恒温槽的装配。依照图 26-1 所示将各配件装配安装好。

(2)向恒温槽中加入蒸馏水(水位离盖板 30～43mm)，将电源插头接通电源，开启控制箱上的电源开关及电动泵开关，使槽内的水循环对流。

(3)调节温度控制器至设定温度，假定室温为 20℃，欲设定实训温度为 30℃，其调节方法如下：先旋开水银接触温度计上端螺旋调节帽的锁定螺丝，再旋动磁性螺旋调节帽，使温度指示螺母位于低于欲设定实训温度 2～3℃处(如 27℃),开启加热器开关加热,当水温接近设定温度时,再次旋动磁性螺旋调节帽,使温度指示螺母位于 30℃。此时缓慢加热,直到温度达 30℃为止,然后旋紧锁定螺丝。

(4)按上述步骤,将恒温槽重新调节至 40℃和 50℃。

(5)调贝克曼温度计,并安放到恒温槽中。

(6)恒温槽灵敏度的测定:待恒温槽调节到 35℃恒温后,观察贝克曼温度计的读数,利用秒表,每隔 3min 记录一次贝克曼温度计的读数,测定约 1h。

五、数据记录与处理

1. 数据记录(见表 26－1)

表 26－1　数据记录

时间			
温度			

2. 数据处理

(1)用坐标纸绘出温度-时间曲线。

(2)计算恒温槽的灵敏度。

六、思考题

(1)为什么在开动恒温装置前,要将接触温度计的标铁上端面所指的温度调节到低于所需温度处?如果高了会产生什么后果?

(2)对于提高恒温装置的灵敏度,可从哪些方面进行改进?

(3)如果所需要恒温低于室温,如何装置恒温装置?

情境二　专业基础实训

项目二十七　表面活性剂溶液表面张力的测定——吊环法

一、实训目的

(1)掌握吊环法表面张力仪测定表面张力的原理和技术。

(2)能准确测定不同浓度待测溶液的表面张力。

(3)了解影响表面张力的因素。

二、实训原理

表面张力指垂直于液体表面上任一单位长度作用线上的表面收缩力，界面张力仪是一种用物理方法测试液体的表面和液体与液体之界面张力的仪器。拉环法是应用相当广泛的方法，它可以测定纯液体及溶液的表面张力，也可以测定液体的界面张力。

吊环法的优点是可以快速测定表面张力。缺点是在拉环过程中由于环的移动，很难避免液面的振动，这就降低了测量准确度，此外还有一个缺点是难以恒温。

铂金环与液面接触后，再慢慢向上提升，则因液体表面张力的作用而形成一个液体的圆柱，如图 27－1 所示，这时向上的总拉力 p 将与此液柱的重力相等，也与内、外两边的表面张力之和相等，即

$$W = mg = 2\pi\sigma R' + 2\pi\sigma(R' + 2r) = 4\pi\sigma(R' + r) = 4\pi\sigma R \tag{27-1}$$

式中　m —— 液柱的质量；

R' —— 环的内半径；

r —— 环丝半径；

R —— 环的平均内径，即 $R = R' + r$；

σ —— 液体的表面张力。

但上式是理想的情况，与实际不相符合，因为被拉起的液体并非是圆柱形的，而是如图 27－1 所示。

实训证明，环拉起的液体的形状是 R^3/V 和 R/r 的函数，同时也是表面张力的函数。因此，式(27－1) 必须乘以一个校正因子 F 才能得到正确的结果。

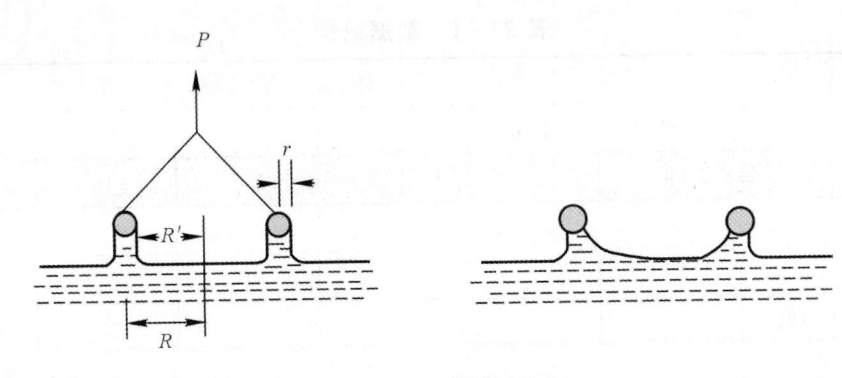

图 27-1　液体被环拉起

$$\sigma = MF$$

式中　M—— 膜破裂时刻度盘读数，mN/m。

$$F = 0.072\ 50 + \sqrt{0.014\ 52M/[C^2(D-d)] + 0.045\ 34 - 1.679/(R/r)}$$

式中　M —— 显示的读数，mN/m；
C —— 环的周长；
R —— 环的半径；
D—— 下相密度；
d —— 上相密度；
r —— 铂金丝的半径。

在此式中 $C=6.00$ cm，$R=0.955$ cm，$r=0.03$ cm。D 为液体的密度，d 是气体的密度，所以调整因子简化为

$$F = 0.072\ 50 + \sqrt{0.014\ 52M/[36(D-d)] - 0.007\ 4}$$

三、仪器和试剂

仪器：界面张力仪一套(JZHY-180 型)、移液管、容量瓶、酒精灯或铬酸溶液、滤纸、烧杯温度计、量筒、试管、天平、烧杯、水浴锅、电炉。

试剂：表面活性剂溶液、乙醇、蒸馏水。

四、实训内容

1. 蒸馏水和乙醇表面张力的测定

1)将界面张力仪放在不振动且平稳的地方，然后调到水平状态。

2)将铂金环和玻璃杯进行清洗，去除掉污垢和杂质。

3)用蒸馏水或无水乙醇倘洗玻璃杯，然后将蒸馏水或乙醇注入玻璃杯中，深度为 20～25 mm，并将玻璃杯置于样品座上。

将铂丝悬挂在吊杆臂的下末端，不要碰到液体，不许用手直接拿铂丝环部，旋转螺丝，使铂金环上升，直至铂金环和溶液断开，读取此时刻度盘上的数值。平行测定三次，并记录。

根据刻度盘上的数值和校正因子计算其表面张力。

2. 表面活性剂溶液表面张力的测定

用蒸馏水清洗玻璃杯，然后将表面活性剂溶液注入玻璃杯中，按照上述方法测定溶液刻度盘上的数值，平行测定三次，并计算其表面张力。

五、数据记录及结果处理

将测得数据记录在表 27-1 中。

表 27－1　数据记录

项目		样品号				
		水	乙醇	1	2	3
刻度盘读数	1					
	2					
	3					
	平均值					
校正因子						
表面张力						

六、思考题

(1)影响本实训的主要因素有哪些？

(2)使用表面张力仪时应注意哪些问题？

项目二十八　浊点及其影响因素的测定

一、实训目的

(1)熟练非离子表面活性剂浊点测定的原理和方法。

(2)掌握影响非离子表面活性剂浊点的因素。

二、实训原理

浊点是反映聚氧乙烯型非离子表面活性剂亲水性的一个指标,浊点越高,亲水性越强。

非离子表面活性剂的亲水基团中含有羟基和氧乙烯基,在水中会和水分子形成氢键,从而使得非离子表面活性剂有很好的水溶性。当温度升高时,由于水分子运动剧烈,已经形成的氢键断裂,使非离子表面活性剂得溶解度降低,表面活性剂从水中析出,导致溶液变得浑浊,此时的温度即为非离子表面活性剂的浊点。非离子表面活性剂的浊点是可逆的,当温度降低时,氢键重新形成,表面活性剂重新溶于水中,溶液变得透明,这个过程称为非离子表面活性剂的浊点效应。

浊点的测定常采用水浴法,将试样配制成1.0%的水溶液,量取15～20 mL于试管中,水浴加热至混浊,如图28-1所示,用温度计边搅拌边冷却,重新澄清的那个温度点即为该表面活性剂的浊点。

若表面活性剂的浊点低于10℃,则配制二乙醇丁醚溶液,若表面活性剂的浊点大于90℃,则需在密封管内测定。

电解质可以影响SAA的浊点,对于不同类型的表面活性剂,无机酸、碱、盐可使浊点发生不同变化,有的使浊点升高,有的使浊点下降。电解质的浓度增大,影响程度增大。

可以用添加无机盐来测定浊点大于100℃的SAA的浊点。

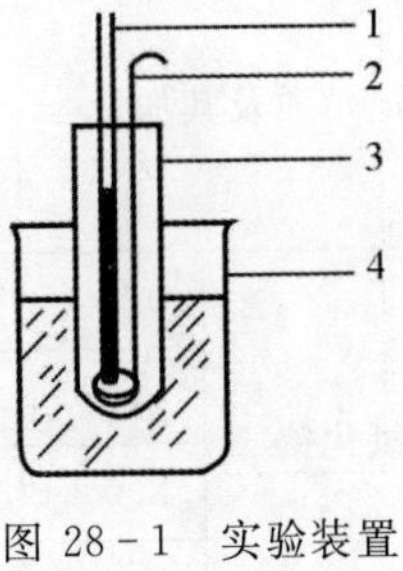

1
2
3
4

图28-1　实验装置

1—温度计;2—温度计保护套;3—试管;4—烧杯

三、仪器和试剂

仪器:温度计,量筒,试管,天平,烧杯(250 mL,1 000 mL若干),水浴锅,电炉。

试剂:Span65,Tween20,Op-10,盐酸,氢氧化钠,氯化钠。

四、实训内容

1. 待测溶液的配制

准备称取非离子表面活性剂试样各1.00g(精确到0.01g),加入99 mL蒸馏水,搅拌使试样至完全溶解,待用。

2. 表面活性剂浊点的测定

1)用1 000 mL烧杯取适量自来水于电炉上加热,待用。

2)用试管取表面活性剂溶液 15～20 mL,放在水浴中加热,待溶液混浊时拿出,用玻璃棒轻搅,观察溶液变澄清时的温度,记录,平行测定三次。

3. 影响非离子表面活性剂浊点因素的测定

1)在上述试样溶液中分别加入氯化钠,使其浓度分别为 0.5%,1.0%,1.5%,2.0%,取适量于试管中,放在水浴中加热,用玻璃棒轻轻搅拌至溶液完全呈混浊状,取出试管,在温度计搅拌下缓缓降温,记录浑浊完全消失时的温度,重复试验三次,三次平行结果差不大于 0.5℃。

2)在 1.0%试样溶液中分别加入氢氧化钠,使其浓度分别为 0.5%,1.0%,1.5%,2.0%,按上述方法测定浑浊完全消失时的温度,重复试验三次,三次平行结果差不大于 0.5℃。

3)在 1.0%试样溶液中分别加入盐酸,使其浓度分别为 0.5%,1.0%,1.5%,2.0%,按上述方法测定浑浊完全消失时的温度,重复试验三次,三次平行结果差不大于 0.5℃。

五、数据记录与分析

1. 数据记录(见表 28-1 和表 28-2)

表 28-1 表面活性剂浊点

浊点/℃	1	2	3	平均值
Span65				
Tween20				
Op-10				

表 28-2 数据记录

电解质及其加量		浊点/℃											
		Span65				Tween20				Op-10			
		1	2	3	均值	1	2	3	均值	1	2	3	均值
氯化钠	0.5%												
	1.0%												
	2.0%												
	5.0%												
氢氧化钠	0.5%												
	1.0%												
	1.5%												
	2.0%												
盐酸	0.5%												
	1.0%												
	1.5%												
	2.0%												

2. 结果分析

根据上述实训结果分别作浊点-电解质浓度关系图，并对结果进行分析。

六、思考题

(1)影响非离子表面活性剂浊点的因素有哪些？有何影响？

(2)溶液浓度对测定结果有没有影响？试分析。

项目二十九 表面活性剂临界胶束浓度的测定

一、实训目的

(1)了解表面活性剂临界胶束浓度的测定原理。

(2)掌握用表面张力法测定临界胶束浓度的方法。

(3)掌握临界胶束浓度的测定方法和表面张力仪的使用方法。

二、实训原理

表面活性剂分子具有亲水性的极性基团和具有憎水性的非极性基团所组成的有机化合物。当它们以低浓度存在于某一体系中时,可被吸附在该体系的表面上,采取极性基团向着水,非极性基团脱离水的表面定向,从而使表面自由能明显降低。

在表面活性剂溶液中,当溶液浓度增大到一定值时,表面活性剂离子或分子不但在表面聚集而形成单分子层,而且在溶液本体内部也三三两两地以憎水基相互靠拢,聚在一起形成胶束。形成胶束的最低浓度称为临界胶束浓度(CMC),是表面活性剂溶液非常重要的性质。它可以表示表面活性剂的活性,CMC值越大活性越小,CMC值越小活性越大。

当表面活性剂溶液达到临界胶束浓度时,除溶液的表面张力外,溶液的多种物理化学性质,如摩尔电导、黏度、渗透压、密度、光散射等也发生急剧变化。利用这些性质与表面活性剂浓度之间的关系,可以推测出表面活性剂的临界胶束浓度。但采用不同的测定方法得到的临界胶束浓度在数值上可能会有所差别。而且其数值也受温度、浓度、电解质、pH等因素的影响而发生变化。

CMC值常用测定方法有表面张力法、电导法、染料法等,本实训采用表面张力法和染料法测定表面活性剂CMC值。

表面张力法是通过测定不同浓度溶液的表面张力,绘制表面张力-浓度对数关系曲线,曲线的转折点就是该表面活性剂的CMC值。染料法是利用染料在CMC前后颜色的变化来确定表面活性剂的CMC值的。当浓度大于CMC值时,溶液中有大量胶束,加入染料,溶液呈现出一种颜色,给溶液逐步加水,当浓度小于CMC时,胶束解离,颜色发生变化,此时的浓度即为该表面活性剂的CMC值。

三、仪器和试剂

仪器:表面张力仪,容量瓶(50 mL,4个),烧杯,吸量管(5 mL),玻璃棒等。

试剂:蒸馏水,十二烷基磺酸钠,亚甲基蓝染料,Tween80。

四、实训内容

1. 表面张力法测表面活性剂的 CMC 值

(1)溶液的配制。

在容量瓶中配制不同浓度的十二烷基磺酸钠溶液，使其浓度分别为 7×10^{-3} mol/L，8×10^{-3} mol/L，9×10^{-3} mol/L，10×10^{-3} mol/L。

(2)表面张力的测定。

在表面张力仪上分别测定上述溶液的表面张力。

(3)绘制表面张力-浓度对数关系曲线。

绘制表面张力-浓度对数关系曲线，两条直线的交点即为该表面活性剂的 CMC 值。

2. 染料法测表面活性剂的 CMC 值

配制浓度为 2×10^{-2} mol/L 的 Tween80 溶液 50 mL，搅拌均匀，滴加亚甲基蓝染料，溶液中由于胶束的存在，呈现出一种颜色，向溶液中加 5 mL 水，观察溶液颜色的变化，若无变化则继续加水，直至颜色发生变化，记录加入水的体积，计算此时溶液的浓度，该浓度即为该表面活性剂的 CMC 值。

五、数据记录与处理

1. 表面张力法测表面活性剂的 CMC 值(见表 29－1)

表 29－1　数据记录

	SAA 质量/g	表面张力/($mN\cdot m^{-1}$)	浓度对数
1			
2			
3			
4			

2. 染料法测表面活性剂的 CMC 值(见表 29－2)

表 29－2　数据记录

加水次数	溶液颜色
1	
2	
3	
4	
5	

3. 绘制表面张力-浓度对数关系曲线

六、思考题

(1)为什么表面活性剂表面张力-浓度对数曲线有时出现最低点？

(2)为什么吊环法不适用于阳离子表面活性剂表面张力的测定？何谓克拉夫点？

项目三十　表面活性剂 HLB 值的测定

一、实训目的

(1)掌握表面活性剂 HLB 值测定的原理和方法。

(2)能根据要求配制一定 HLB 值的混合乳化剂。

(3)了解一定 HLB 值表面活性剂的用途。

二、实训原理

表面活性剂为具有亲水基团和亲油基团的两亲分子,HLB 是表面活性剂的亲水亲油平衡值,HLB=亲水基的亲水性/亲油基的亲油性,表示表面活性剂亲水性和亲油性的相对强弱(大小)。不同的表面活性剂,分子结构不同,HLB 值不同。HLB 值大,亲水性强,HLB 值小,亲油性强。

HLB 值是经验数据,包含有人为因素;是一个相对值,只有相对比较意义。通常将亲油性强的油酸的 HLB 值规定为 1,而将亲水性强的油酸钠的 HLB 值规定为 18,十二烷基硫酸酯钠的 HLB 值规定为 40。

HLB 值不同,SAA 的用途不同,二者有如下关系:

1～3 用作消泡剂;

3～6 用作 W/O 型乳化剂;

7～9 用作润湿剂;

8～18 用作 O/W 型乳化剂;

13～18 用作增溶剂。

测定表面活性剂的 HLB 值的方法很多,如溶度法、结构因子法、质量法等,但都是经验方法,实训室中常用溶度法测定表面活性剂的 HLB 值。溶度法是利用表面活性剂在水中溶解、分散情况粗略估计 HLB 值的(见表 30－1)。

表 30－1　活性剂的 HLB 值

活性剂加入水后的现象	HLB 值范围
不分散	1～4
分散性不好	3～6
激烈震荡后成乳色分散体	6～8
稳定的乳色分散体	8～10
半透明到透明溶液	10～13
透明溶液	13 以上

在实际工作中,常常将多种表面活性剂复合使用,混合活性剂的 HLB 值是各活性剂 HLB

值与其质量分数乘积之和，即

$$\mathrm{HLB}_{\text{混}} = \sum_i \mathrm{HLB}_i \cdot w_i$$

三、仪器和试剂

仪器：电子天平，烧杯。

试剂：表面活性剂样品 6 个；油酸，Tween80 或 60。

四、实训内容

(1)表面活性剂 HLB 值的测定。

在烧杯中量取适量蒸馏水，向其中滴加表面活性剂样品 1～2 滴，仔细观察表面活性剂在水中的溶解、分散情况，记录实训现象，判断其 HLB 值，并指出其用途。

(2)混合表面活性剂 HLB 值的测定。

根据实训条件配制 HLB 值为 7 的混合表面活性剂 3 g，记为 7 号样，并用溶度法测定其 HLB 值。

五、数据记录

将数据记录于表 30－2 中。

表 30－2　数据记录

样品	实训现象	HLB 值	用途
1 号			
2 号			
3 号			
4 号			
5 号			
6 号			
7 号			

六、思考题

(1)测试 HLB 的其他方法有哪些？

(2)HLB 测试方法之间的优劣点有哪些？

项目三十一　表面活性剂润湿角的测定

一、实训目的

(1)掌握用 JJ2000C1 静液滴接触角/界面张力测量仪测定接触角的方法。

(2)掌握仪器的操作方法。

二、实训原理

润湿角也叫接触角,在气、液、固三相交界点,自气-液界面经过液体内部到固液界面之间的夹角称为接触角,通常用θ表示润湿角(见图 31-1)。

润湿过程有三种,即沾湿、浸湿和铺展,不同的液体在不同的表面的润湿情况都不相同,可以用接触角θ来衡量润湿程度,判断润湿过程。一般把$\theta=90^\circ$定为润湿与否的标准,$\theta>90^\circ$,液体不润湿,$\theta<90^\circ$,润湿,$\theta=0^\circ$或者不存在,铺展。

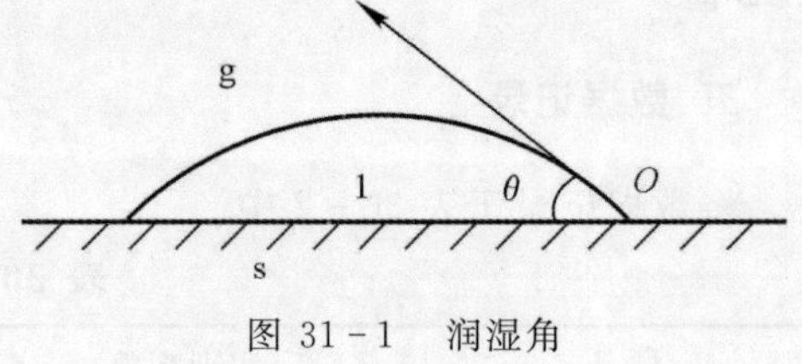

图 31-1　润湿角

接触角现有测试方法通常有两种:其一为外形图像分析方法;其二为称重法。后者通常称为润湿天平或渗透法接触角仪。但目前应用最广泛,测值最直接与准确的还是外形图像分析方法。

外形图像分析法的原理为,将液滴滴于固体样品表面,通过显微镜头与相机获得液滴的外形图像,再运用数字图像处理和一些算法将图像中液滴的接触角计算出来。

三、仪器和试剂

仪器:全自动界面张力仪一套,容量瓶、移液管。

试剂:水,乙醇,表面活性剂溶液,煤油。

四、实训内容

1. 水的接触角测定

(1)开机。将仪器插上电源,打开电脑,双击桌面上的 JJ2000C1 应用程序进入主界面。点击界面右上角的活动图像按钮,这时可以看到摄像头拍摄的载物台上的图像。

(2)调焦。将进样器或微量注射器固定在载物台上方,调整摄像头焦距到 0.7 倍(测小液滴接触角时通常调到 2～2.5 倍),然后旋转摄像头底座后面的旋钮调节摄像头到载物台的距离,使得图像最清晰。

(3)加入样品。可以通过旋转载物台右边的采样旋钮抽取液体,也可以用微量注射器压出液体。测接触角一般用 0.6～1.0 μL 的样品量最佳。这时可以从活动图像中看到进样器下端出现一个清晰的小液滴。

(4)接样。旋转载物台底座的旋钮使得载物台慢慢上升,触碰悬挂在进样器下端的液滴后下降，使液滴留在固体平面上。

(5)冻结图像。点击界面右上角的冻结图像按钮将画面固定，再点击 File 菜单中的 Save as 将图像保存在文件夹中。接样后要在 20 s(最好 10 s)内冻结图像。

(6)量角法。点击量角法按钮，进入量角法主界面，按开始键，打开之前保存的图像。这时图像上出现一个由两直线交叉 45°组成的测量尺，利用键盘上的 Z，X，Q，A 键即左，右，上，下键调节测量尺的位置：首先使测量尺与液滴边缘相切，然后下移测量尺使交叉点到液滴顶端，再利用键盘上＜和＞键即左旋和右旋键旋转测量尺，使其与液滴左端相交，即得到接触角的数值。另外，也可以使测量尺与液滴右端相交，此时应用 180°减去所见的数值方为正确的接触角数据，最后求两者的平均值。

(7)量高法。点击量高法按钮，进入量高法主界面，按开始键，打开之前保存的图像。然后用鼠标左键顺次点击液滴的顶端和液滴的左、右两端与固体表面的交点。如果点击错误，可以点击鼠标右键，取消选定。

2. *乙醇、煤油、表面活性剂溶液的接触角*

按照以上步骤分别测定乙醇、煤油、表面活性剂溶液的接触角。

五、数据记录

将数据记录在表 31－1 中。

表 31－1　数据记录

样品	接触角			
	1	2	3	平均值
水				
乙醇				
煤油				
表面活性剂 1				
表面活性剂 2				

六、思考题

(1)液体在固体表面的接触角与哪些因素有关？

(2)在本实训中，滴到固体表面上的液滴的大小对所测接触角读数是否有影响？

(3)实训中滴到固体表面上的液滴的平衡时间对接触角读数是否有影响？

项目三十二　乳状液的配制、鉴别及破坏

一、实训目的

(1)掌握乳状液的制备方法。

(2)熟悉乳化剂的使用及乳状液类型的鉴别方法。

(3)熟悉乳状液的一些破坏方法。

二、实训原理

乳状液是指一种液体分散在另一种与它不相溶的液体中所形成的分散体系。乳状液有两种类型,即水包油型(O/W)和油包水型(W/O)。只有两种不相溶的液体是不能形成稳定乳状液的,要形成稳定的乳状液,必须有乳化剂存在,一般的乳化剂大多为表面活性剂。

表面活性剂主要通过降低表面能、在液珠表面形成保护膜或使液珠带电来稳定乳状液。乳化剂也分为两类,即水包油型乳化剂和油包水型乳化剂。

乳状液的配制常用剂在水中法和剂在油中法,其类型可用外观法、稀释法、染色法、滤纸润湿法、电导法等方法进行鉴别。

而乳状液的破坏可用加破乳剂法、加电解质法、加热法、电法等。

三、仪器和试剂

仪器:100 mL 具塞锥形瓶 2 个,大试管 5 支,25 mL 量筒 2 个,100 mL 烧杯 3 个,滴管 3 个、滤纸。

试剂:苯(化学纯),油酸钠(化学纯),3 mol/L HCl 溶液,1%,5%油酸钠水溶液,2% span－80苯溶液,0.25 mol/L $MgCl_2$水溶液,饱和 NaCl 水溶液,亚甲基蓝溶液。

四、实训内容

1. 乳状液的制备

1)在 100 mL 具塞锥形瓶中加入 15 mL 1%油酸钠水溶液,然后分别加入 15 mL 苯(每次约加 1 mL),每次加苯后剧烈摇动,直到看不到分层的苯相。这样制得Ⅰ型乳状液。

2)在另一个 100 mL 具塞锥形瓶中加入 15 mL 2%span－80 苯溶液,然后分别加入 15 mL 水(每次约加 1 mL),每次加水后剧烈摇动,直到看不到分层的水相。这样制得Ⅱ型乳状液。

2. 乳状液类型鉴别

1)稀释法:分别用小滴管将一滴Ⅰ型和Ⅱ型乳状液滴入盛有自来水的烧杯中,观察现象并记录。

2)染色法:取两支干净试管,分别加入 1～2 mLⅠ型和Ⅱ型乳状液,向每支试管中加入一滴亚甲基蓝溶液,观察现象。

3)滤纸润湿法:取一张滤纸,用玻璃棒将配制好的乳状液滴在滤纸上,观察现象,并记录,

根据实训现象判断乳状液的类型。

3. 乳状液的破坏和转相

1)取Ⅰ型和Ⅱ型乳状液1～2 mL分别放入两支试管中，逐滴加入3 mol/L HCl溶液，观察现象。

2)取Ⅰ型和Ⅱ型乳状液1～2 mL分别放入两支试管中，在水浴中加热，观察现象。

3)取2～3 mLⅠ型乳状液于试管中，逐滴加入0.25 mol/L $MgCl_2$ 溶液，每加一滴剧烈摇动，注意观察乳状液的破坏和转相(是否转相用稀释法鉴别，下同)。

4)取2～3 mLⅠ型乳状液于试管中，逐滴加入饱和NaCl溶液，每加一滴剧烈摇动，观察乳状液有无破坏和转相。

5)取2～3 mLⅡ型乳状液于试管中，逐滴加入5%油酸钠溶液，每加一滴剧烈摇动，注意观察乳状液有无破坏和转相。

五、数据记录

整理实训所观察到的现象，并分析原因。

六、思考题

(1)鉴别乳状液的诸方法有何共同点？

(2)有人说水量大于油量可形成水包油乳状液，反之为油包水，这种说法对吗？试用实训结果加以说明。

(3)是否使乳状液转相的方法都可以破乳？是否可使乳状液破乳的方法都可用来转相？

(4)加入乳化剂，两个互不相溶的液体就能自动形成乳状液吗？

项目三十三　表面活性剂起泡性能及稳定性实训

一、实训目的

(1)掌握泡沫的制备方法。

(2)掌握起泡剂起泡性能及稳定性评价方法。

(3)了解聚合物稳定泡沫的基本原理。

(4)学习高速搅拌器的使用。

二、实训原理

泡沫是气体分散在液体中的分散体系,在起泡剂的作用下,通过搅拌可以制得稳定的泡沫。有些起泡剂有很强的起泡能力,形成稳定的泡沫体系,有些起泡剂起泡率很高,但泡沫粗糙,很容易破裂,有效期短。

一般用半衰期表示泡沫的稳定性,半衰期越长,泡沫越稳定。用泡沫质量表示表面活性剂的起泡率,泡沫质量越大,起泡率越高。半衰期为清液达到量筒75 mL刻度线处所需的时间。

泡沫质量是泡沫体系气体体积与泡沫总体积的比值,计算公式为

$$泡沫质量=\frac{V-V_1}{V}\times 100\%$$

式中　V—— 泡沫总体积;

V_1—— 用量筒所取的试液体积。

聚合物能使液体黏度增大,增强泡沫表面液膜的强度,从而使泡沫稳定性增强,表现为半衰期延长。电解质可压缩双电层,使泡沫稳定性变差,表现为半衰期减小。

三、仪器和试剂

仪器:电动搅拌器,天平,秒表,容量瓶,量筒,烧杯。

试剂:起泡剂(工业品),瓜胶(HPG),氯化钙。

四、实训内容

1. 自来水中起泡剂半衰期和泡沫质量的测定

1)以自来水为溶剂,起泡剂为溶质,用 500 mL 容量瓶配制浓度为 3.0 mL/L 的试液 500 mL,定为试液 1。

2)用量筒量取 150 mL 试液 1,倒入高搅杯,在高搅器上以 8 000 r/min 的转速搅拌 10 min,使其生成泡沫。

3)搅拌后快速把泡沫倒入 1 000 mL 量筒,读出泡沫体积并揿秒表计时,测出半衰期(半衰期为清液到达量筒的 75 mL 刻度线处的时间),同时观察泡沫现象。

4)用量筒量取 150 mL 试液 1,倒入高搅杯,在高搅器上以 10 000 r/min 的转速搅拌 10 min,按上述步骤测定泡沫体积和半衰期,计算泡沫质量。

2. 矿化水中起泡剂半衰期和泡沫质量的测定

1)向自来水中加入 3%的氯化钙,搅拌使其溶解,以此为溶剂,起泡剂为溶质,用 500 mL 容量瓶配制浓度为 3.0 mL/L 的试液 500 mL,定为试液 2。

2)用量筒量取 150 mL 试液 2,倒入高搅杯,按同样方法和步骤测定泡沫体积和半衰期,计算泡沫质量,并观察泡沫现象。

3. 聚合物溶液中起泡剂半衰期和泡沫质量的测定

1)取 1.5 g HPG 聚合物加入 500 mL 自来水中,搅拌使其溶解,以此为溶剂,起泡剂为溶质,配制浓度为 3.0 mL/L 的试液 500 mL,定为试液 3。

2)用量筒量取 150 mL 试液 3,按同样方法和步骤测定泡沫体积和半衰期,计算泡沫质量,并观察泡沫现象。

五、数据记录

将数据记录在表 33-1 中。

表 33-1　起泡剂半衰期和泡沫质量

试液		泡沫现象	半衰期/(min 或 s)	泡沫总体积 / mL	泡沫质量/(%)
1	8 000 r/min				
	10 000 r/min				
2	8 000 r/min				
	10 000 r/min				
3	8 000 r/min				
	10 000 r/min				

六、思考题

(1)影响泡沫稳定的因素有哪些?

(2)氯化钙和 HPG 对泡沫的影响一样吗?根据实训结果分析。

(3)不同搅拌速度时制得的泡沫其稳定性相同吗?

项目三十四　丙烯酰胺水溶液均聚

一、实训目的

(1)掌握溶液聚合的基本原理、特点和方法。

(2)熟悉聚丙烯酰胺的实训室制备技术。

二、实训原理

丙烯酰胺 ($CH_2{=}CHCONH_2$) 为白色晶体，分子量为 71.08，20℃ 时的密度为 1.22 g/cm^3，熔点为 84.5℃，溶于水、三氯甲烷、甲醇、乙醇、丙酮等极性溶剂。丙烯酰胺的双键具有较高的反应活性，在自由基存在下很容易聚合成高分子量的聚丙烯酰胺。

聚丙烯酰胺(PAM)为无定形的白色固体，无毒性，易溶于水，其水溶液黏度较高，可用作增黏剂、絮凝剂和分散剂等。聚丙烯酰胺是非离子型聚合物，其溶液与电解质有较好的相容性。聚丙烯酰胺的酰胺基团也有较高的反应活性，可以通过化学反应形成阴离子型聚合物，因此聚丙烯酰胺的用途非常广泛。

溶液聚合是将单体溶解于溶剂中进行的聚合反应。当生成的聚合物也溶解于溶剂时，则属于均相聚合；当生成的聚合物不溶于溶剂，而是从溶剂中沉淀出来，则属于非均相聚合。在自由基均相溶液聚合中，聚合物链处于比较伸展的状态，溶液黏度较高，在高转化率下可能出现自动加速现象。但当单体浓度较低时，则不会出现自动加速，因此溶液聚合容易控制聚合反应温度。在溶液聚合中，溶剂的选择非常重要，一般要注意以下几点：

1)溶剂对引发剂的诱导分解作用小，以提高引发剂的引发效率；

2)溶剂的链转移常数应较低，以获得较高分子量的聚合物；

3)溶剂最好无毒性，以尽可能减少对环境的污染。

丙烯酰胺为水溶性单体，聚丙烯酰胺也溶于水，以水作溶剂，具有价廉、无毒、链转移常数小等优点，因此丙烯酰胺水溶性聚合是合成聚丙烯酰胺的一种最常用的方法。

三、仪器和试剂

仪器：恒温水浴，温度计，烧杯，量筒，电子天平，玻璃棒。

试剂：蒸馏水，过硫酸铵，丙烯酰胺。

四、实训内容

(1)准确在 250 mL 烧杯称取 10g 丙烯酰胺，加入 180 mL 蒸馏水充分搅拌溶解，准确在 100 mL 烧杯称取 0.05～0.1g 过硫酸铵，用 10 mL 蒸馏水溶解后加入上述丙烯酰胺溶液中，接下来用 10 mL 蒸馏水分 2 次涮洗烧杯后加入丙烯酰胺溶液中。

(2)升温至 60℃，反应 3 h，反应期间可偶尔搅拌，并观察有何现象。

(3)反应产物贴上标签保留备用。

(4)取适量测定水分,以备分子量测定和水解实训用。

五、思考题

(1)反应过程有何现象?什么发生了变化?该现象说明什么问题?
(2)要想提高聚合物的分子量,应采取什么措施?
(3)影响产物分子量的因素有哪些?

项目三十五　丙烯酸-丙烯酰胺共聚

一、实训目的

(1)掌握自由基共聚的原理和方法。

(2)掌握氧化-还原引发体系的使用。

二、实训原理

共聚合反应是由两种或两种以上单体共同参加的聚合反应,得到的聚合物大分子链中包含有不同的单体单元,称作共聚物。通常,两种单体参加的共聚反应称为二元共聚;多种单体参加的共聚反应称为多元共聚。二元共聚物可以划分为四种类型:无规共聚物,交替共聚物,嵌段共聚物和接枝共聚物。丙烯酸和丙烯酰胺都可以进行自由基均聚,形成它们各自的均聚物。当这两种单体处于同一聚合体系时,可得到丙烯酸-丙烯酰胺共聚物,该共聚物是无规共聚物。两种结构单元的排列是无规的,如下所示:

—A—B—B—A—A—A—B—A—A—B—B—A—B—

由于两单体的竞聚率不同,随转化率的不断增大,原料组成将会发生变化,使不同转化率阶段共聚物的组成不同。

自由基聚合的引发体系包括偶氮双腈类、有机过氧化合物类、无机过氧化合物类和氧化-还原引发体系四种。其中,偶氮双腈类常用的有偶氮二异丁腈和偶氮二异庚腈。有机过氧化合物类常用的有过氧化二苯甲酰、过氧化二碳酸二异丙酯、过氧化二碳酸二环己酯等。过硫酸钾、过硫酸铵等过硫酸盐是常用的水溶性无机过氧化合物引发剂,多用于水溶液聚合和乳液聚合。氧化-还原引发体系的优点是可以在低温下引发聚合反应,并可获得较高的引发剂分解速率及聚合速率,缺点是引发效率低。常用的有水溶性和油溶性两类。水溶性的氧化-还原体系中常用无机化合物作还原剂,例如亚铁盐或硫代硫酸盐,能使过氧化氢、异丙苯过氧化氢的热分解活化能降低,油溶性的氧化-还原体系是以难溶于水的有机过氧化物作为氧化剂,如有机过氧化氢、过氧化二烷基、过氧化二酰基等。还原剂有叔胺、硫醇、有机金属化合物等。

本实训以丙烯酸胺、丙烯酸为单体,水为溶剂,过硫酸铵和亚硫酸钠氧化-还原引发体系为引发剂,进行水溶液聚合,单体采用一次性投料法控制共聚物的组成。

三、仪器和试剂

仪器:恒温水浴,温度计,烧杯,量筒,玻璃棒。

试剂:蒸馏水,过硫酸铵,丙烯酰胺,丙烯酸,亚硫酸钠,10%NaOH。

四、实训内容

(1)准确在 300 mL 烧杯称取 5g 丙烯酰胺,加入 150 mL 蒸馏水充分搅拌溶解,再量取

5 mL丙烯酸倒入烧杯中，接下来用 10 mL 蒸馏水分 2 次涮洗量筒后加入烧杯中。

(2)取 10%NaOH 溶液适量，缓慢滴加将单体溶液的 pH 值调节至 7～8。

(3)准确称取过硫酸铵约 0.04g，亚硫酸钠 0.02g，各加 5 mL 蒸馏水，分别溶解于两个小烧杯中。

(4)将反应温度控制在 40℃，先将氧化剂溶液倒入大烧杯中，再将还原剂用玻璃棒引流慢慢滴加进大烧杯中，观察体系有何现象。

(5)反应 3 h，结束反应。

五、思考题

(1)什么是自由基共聚？其原理是什么？

(2)二元共聚物的类型有哪些？

(3)聚合过程中有何现象？

项目三十六　聚丙烯酰胺的交联

一、实训目的

(1)了解和掌握聚合物交联的方法。

(2)了解交联聚丙烯酰胺的性质。

二、实训原理

聚合物的交联有化学交联和物理交联两种类型,大分子链之间通过化学键连接在一起,称为化学交联;由氢键,极性基团的物理力结合在一起,则称为物理交联。本实训介绍聚丙烯酰胺的化学交联。

线型高分子通过化学交联形成网状结构聚合物,对聚合物的性能有很大影响,如降低了线型聚合物的溶解性,提高聚合物制品的形状稳定性、热稳定性和玻璃化温度等。

聚合物的交联应用非常广泛,如橡胶制品,交联后可防止大分子之间的滑移,消除不可逆形变,提高弹性;塑料制品在成型过程中加入交联剂,可提高制品的形状稳定性和强度;聚合物膜用作金属的防腐层,交联后体积收缩,紧紧贴在金属表面,可提高防腐效果;此外,黏合剂、涂料等也要用到聚合物的交联反应。

不同的线型高分子交联有不同的交联剂。聚丙烯酰胺是油田广泛应用的一种高分子化合物,在用作堵水剂、调剖剂、压裂液方面,需形成交联网状结构。能使聚丙烯酰胺发生交联反应的物质有甲醛、乙醛、乙二醛等,实际应用中多用甲醛。

在 pH<3、加热条件下,聚丙烯酰胺与甲醛发生如下交联反应:

$$
\begin{array}{c}
-\!\!\left(CH_2-CH\right)_n\!\!- \\
| \\
C=O \\
| \\
NH_2 \\
\\
NH_2 \\
| \\
C=O \\
| \\
-\!\!\left(CH_2-CH\right)_n\!\!-
\end{array}
+ HCHO \longrightarrow
\begin{array}{c}
-\!\!\left(CH_2-CH\right)_n\!\!- \\
| \\
C=O \\
| \\
NH_2 \\
/ \\
CH_2 \\
\backslash \\
NH_2 \\
| \\
C=O \\
| \\
-\!\!\left(CH_2-CH\right)_n\!\!-
\end{array}
$$

交联后的聚丙烯酰胺形成弹性的凝胶,不溶于溶剂中。

三、仪器和试剂

仪器:恒温水浴,温度计,烧杯,量筒,玻璃棒。

试剂:甲醛溶液,盐酸,聚丙烯酰胺。

四、实训内容

(1)取自己合成的聚丙烯酰胺溶液 50 mL 放入烧杯中，用浓度为 1 mol/L 的盐酸调节 pH 值至 3 左右。

(2)加入 10 mL 甲醛溶液，升温至 60℃，反应 2 h。

(3)观察反应后液体的状况，与反应前有何不同。

五、思考题

(1)聚合物的化学反应有哪些特点？

(2)交联后聚丙烯酰胺能否溶于水？为什么？

(3)影响交联反应的因素有哪些？

项目三十七　聚丙烯酰胺的水解及水解度测定

一、实训目的

(1)了解聚丙烯酰胺水解的原理和方法。
(2)掌握聚丙烯酰胺水解度的测定方法。

二、实训原理

聚丙烯酰胺在酸性和碱性条件下都可以发生水解反应,生成部分水解聚丙烯酰胺(HPAM),其反应如下:

$$\left[CH_2-\underset{\underset{CONH_2}{|}}{CH} \right]_n \xrightarrow{OH^-} \left[CH_2-\underset{\underset{CONH_2}{|}}{CH} \right]_{n_1} \left[CH-\underset{\underset{COO^-}{|}}{CH} \right]_{n_2}$$

经过水解反应,一部分酰胺基转变成为羧酸基,通常将反应了的酰胺基与初始酰胺基之比的百分数定义为水解度。水解度越大,HPAM 的增黏效果越好,目前水解度可达 35%。部分水解聚丙烯酰胺在油田上可用作增黏剂、降阻剂、堵水剂、流度控制剂等。

水解度的测定一般用酸碱滴定的方法,HPAM 结构中的羧基为弱酸,可以与盐酸中的氢离子结合,选用甲基红-溴甲酚绿为指示剂,反应方程式如下:

$$\left[CH_2-\underset{\underset{CONH_2}{|}}{CH} \right]_{n_1} \left[CH-\underset{\underset{COO^-}{|}}{CH} \right]_{n_2} + H^+ \longrightarrow \left[CH_2-\underset{\underset{CONH_2}{|}}{CH} \right]_{n_1} \left[CH-\underset{\underset{COOH}{|}}{CH} \right]_{n_2}$$

当滴定达终点时,通过消耗的盐酸即可计算羧基含量,进而计算其水解度。

按下式计算水解度:

$$p=\frac{N\times\frac{V_2-V_1}{1\,000}\times\frac{250}{25}}{\frac{W}{71}}\times100\%$$

式中　N—— 盐酸的浓度;
V_2—— 所用盐酸总量,mL;
V_1—— 酚酞指示剂滴定所用盐酸量,mL;
W—— 聚丙烯酰胺的质量,g。

三、仪器和试剂

仪器:恒温水浴,温度计,烧杯,量筒,锥形瓶,电子天平,移液管,玻璃棒。
试剂:聚丙烯酰胺(自制),20%NaOH 溶液,酚酞,甲基红-溴甲酚绿,HCl,pH 试纸。

四、实训内容

1. PAM 的水解

1)取自己合成的聚丙烯酰胺溶液 50 mL 放入 300 mL 烧杯中,再加入 20%氢氧化钠溶液

5 mL。

2)升温至 90℃,反应 3 h。在水解过程中,慢慢搅拌,观察黏度变化,并检查氨气的放出(用湿的广泛 pH 试纸)。

3)反应完毕,冷却后,产物为部分水解聚丙烯酰胺,贴好标签,待用。

4)比较反应前后溶液黏度的变化。

2. 测定水解度

1)取上述反应液 5 mL 转入 250 mL 容量瓶中,稀释至刻度。

2)配制并标定 0.02 mol/L 盐酸标准溶液。

3)用移液管准确移取 25.00 mL 1)中配好的溶液于锥形瓶中,以酚酞为指示剂,用 0.02 mol/L盐酸滴定至终点后消耗的体积,记为 V_1;再加入指示甲基红-溴甲酚绿指示剂,继续用 0.02 mol/L 盐酸滴定至终点消耗的体积,记为 V_2,并作平行实训。

五、数据记录及处理

1. 盐酸标准液的标定(见表 37-1)

表 37-1　数据记录

项　目	1#	2#	3#	空白
$m_{Na_2CO_3}$/g				—
HCl 的体积初读/mL				
HCl 的体积终读/mL				
标定消耗 HCl 的体积 V/mL				
$c_{(HCl)}$/(mol·L^{-1})				—
$c_{(HCl)}$平均值/(mol·L^{-1})				
相对平均偏差/(%)				

2. 水解度的测定(见表 37-2)

表 37-2　数据记录

项　目	1#	2#	3#	空白
HCl 的体积初读/mL				
HCl 的体积终读/mL				
消耗 HCl 的体积 V_1/mL				
消耗 HCl 的体积 V_2/mL				—
水解度/(%)				

六、思考题

(1)以酚酞为指示剂滴定什么? 以甲基红-溴甲酚绿为指示剂又滴定什么?

(2)在做实训过程中作误差分析,哪些操作出现了误差? 应怎样改进?

项目三十八　PAM 反相乳液聚合

一、实训目的

(1)熟悉乳液聚合的特点,了解乳液聚合中各组分的作用。

(2)掌握制备聚丙烯酰胺胶乳的方法。

(3)掌握搅拌装置的安装和拆卸。

二、实训原理

乳液聚合是指单体在乳化剂的作用下,分散在介质中加入水溶性引发剂,在机械搅拌或振荡情况下进行非均相聚合的反应过程。乳液聚合体系主要包括单体、分散介质(水)、乳化剂、引发剂。乳液聚合的机理不同于一般的自由基聚合,可以同时提高聚合速度和分子量。而在本体、溶液和悬浮聚合中,使聚合速率提高的一些因素,往往使分子量降低。反相乳液聚合指水溶性单体溶液在乳化剂(一般为非离子型乳化剂)的作用下,分散于油相(脂肪烃或者芳香烃)中,在剧烈搅拌下,形成油包水型乳液,然后引发聚合。

PAM 的乳液聚合采用水溶性的过硫酸盐为引发剂,为使反应平稳进行,单体和引发剂均需分批加入。本实训采用 OP－10 乳化剂和 Span65 混合使用,乳化效果和稳定性比单独使用一种好。

三、仪器和试剂

仪器:四口瓶,回流冷凝管,电动搅拌器,温度计,恒温水浴锅。

试剂:丙烯酰胺,过硫酸铵,OP－10,Span65,去离子水,乙醇。

四、实训内容

(1)在装有搅拌器、球形冷凝管和温度计的 250 mL 四口瓶中,加入丙烯酰胺水溶液(质量分数 10%)60 mL,去离子水 30 mL,复配乳化剂 1 g,搅拌均匀,用水浴加热至 65～70℃。

(2)称取 0.3 g 过硫酸铵,用 10 mL 蒸馏水配成溶液,加 5 mL 于反应瓶中,控温 65～70℃,反应 3 h。

(3)停止加热,稍微冷却后倒出反应产物,加适量乙醇提纯得白色絮状物,即为 PAM。

五、注意事项

丙烯酰胺有毒,使用时应避免直接接触,勿沾上皮肤,如有直接接触,应立即用大量清水冲洗干净。

六、思考题

(1)反应过程有何现象?什么发生了变化?该现象说明什么问题?

(2)要想提高聚合物的分子量,应采取什么措施?

(3)影响产物分子量的因素有哪些?

(4)装置安装时要注意什么,如何保证搅拌顺利进行?

项目三十九　甲基丙烯酸甲酯、苯乙烯悬浮共聚合

一、实训目的

(1)了解悬浮共聚合的反应机理及配方中各组分的作用。
(2)了解无机悬浮剂的制备及其作用。
(3)了解悬浮共聚合实训操作及聚合工艺上的特点。

二、实训原理

甲基丙烯酸甲酯和苯乙烯均不溶于水,单体靠机械搅拌形成的分散体系是不稳定的分散体系,为了使单体液滴在水中保持稳定,避免黏结,需在反应体系中加入悬浮剂,通过实训证明采用磷酸钙乳浊液做悬浮剂效果较好,磷酸三钠与过量的氯化钙在碱性条件下发生化学反应生成磷酸钙。磷酸钙难溶于水,聚集成极微小的颗粒,可在水中悬浮相当长的时间而不沉降,这种悬浮液呈牛奶状,在搅拌情况下能使某些体系的单体小液滴分散在体系中而不聚集,这是由于单体(油相)和介质(水相)对磷酸钙的润湿程度的不同,所以磷酸钙起到悬浮剂的作用,悬浮剂浓度增加可提高稳定性,实践证明磷酸钙加入量为单体总质量的0.7%左右为宜。

甲基丙烯酸甲酯和苯乙烯通过悬浮共聚得到聚甲基丙烯酸甲酯-苯乙烯无规共聚物,该共聚物俗称为372有机玻璃模塑粉,其相对分子质量要达到 $1.3\times10^5\sim1.5\times10^5$ 才能加工成具有一定物理机械性能的产品,其结构可表示为

$$\sim\sim CH_2-\underset{COOCH_3}{\overset{CH_3}{\underset{|}{\overset{|}{C}}}}-\!\!\left[CH_2-C\right]_n\!-CH_2-\underset{C_6H_5}{\underset{|}{CH}}\sim\sim$$

即在以甲基丙烯酸甲酯结构单元为主链的分子链中掺杂有一个或少数几个苯乙烯结构单元,在共聚反应中,因参加反应的单体是两种(或两种以上),由于单体的相对活性不同,它们参与反应的机会也就不同,共聚物组成 $d[M_1]/d[M_2]$ 与原料组成 $[M_1]/[M_2]$ 之间的关系为

$$\frac{d[M_1]}{d[M_2]}=\frac{[M_1]}{[M_2]}\cdot\frac{r_1[M_1]+[M_2]}{[M_1]+r_2[M_2]}$$

式中　$d[M_1]/d[M_2]$ —— 共聚物组成中两种结构单元的摩尔比;
$[M_1]/[M_2]$ —— 原料组成中两种单体的摩尔比;
r_1,r_2 —— 均聚和共聚链增长速率常数之比,表征两单体的相对活性,称作竞聚率。

三、仪器和试剂

仪器:恒温水浴,温度计,烧杯,量筒,电子天平,玻璃棒,三颈瓶,四口烧瓶,电动搅拌器,真

空泵。

试剂：苯乙烯，甲基丙烯酸甲酯，过氧化二苯甲酰，硬脂酸，去离子水，氯化钙，磷酸三钠，1∶1HCl，氢氧化钠。

四、实训内容

1. 悬浮剂的制备

1）$CaCl_2$溶液的配制：按配方称取 6 g 氯化钙，放入 500 mL 三颈瓶中，加入去离子水 165 mL，搅拌使之溶解，呈无色透明溶液，备用。

2）Na_3PO_4和 NaOH 溶液的配制：按配方称取 6 g 磷酸三钠，0.8 g 氢氧化钠放入 300 mL 烧杯中，加入去离子水 165 mL，搅拌使之溶解，得无色透明溶液，备用。

3）将三颈瓶中氯化钙溶液在水浴上加热溶解至水浴沸腾，另将盛有磷酸三钠、氢氧化钠水溶液的烧杯放于热水浴中，在搅拌下用滴管将此溶液连续滴加至三颈瓶中，在 20～30 min 内加完，然后在沸腾的水浴中保温半小时，停止反应。生成的悬浮剂呈乳白色混浊液，用滴管取 20 滴（或 1 mL）悬浮剂滴入干净的试管中，加入 10 mL 去离子水，摇匀，放置半小时，如无沉淀，即为合格，备用。制得的悬浮剂要在 8 h 内使用，如有沉淀，即不能再用，需另行制备。

2. 甲基丙烯酸甲酯与苯乙烯共聚合反应

1）在 250 mL 的四口烧瓶上，装上密封搅拌器、真空系统，加入 50 mL 去离子水，22 mL 悬浮剂，抽真空至 86 659.3 Pa（650 mmHg）

2）分别称取 4g 甲基丙烯酸甲酯和 6g 苯乙烯，混合均匀，加入 0.7g 硬脂酸和 0.35g 过氧化二苯甲酰引发剂使其溶解，然后加入四口烧瓶中（加料时尽量避免空气进入）。

3）升温，控制加热速度，使体系的温度快速升至 75℃；然后以 1 ℃/min 的升温速度升至 80℃，并保温 1 h，再以 5℃/min 的升温速度升至 90℃，待真空度升至最高点而下降时，表示反应即将结束，为了使单体完全转化为聚合物，应继续升温至 110～115℃，并在 110～115℃下保温 1 h，聚合反应完毕。

3. 聚合物后处理

反应后所得物料为有机玻璃模塑粉悬浮液，需经酸洗、水洗、过滤、干燥等处理过程。

1）酸洗：反应所得物料为碱性，且含有悬浮剂磷酸钙，加入 2 mL 盐酸（1∶1）除去。

2）水洗、过滤：水洗的目的是除去产物中的 Cl^- 离子，方法是先用自来水洗 4～5 次，再用去离子水洗 2 次（每次用量 50 mL 左右），用 $AgNO_3$溶液检验滤液，直至无 Cl^- 存在（如无白色沉淀即可），采用抽滤过滤使粉料与水分开。

3）干燥：将白色粉状聚合物放入搪瓷盘中，置于 100℃的烘箱中烘干。

五、思考题

（1）以有机玻璃模塑粉为例，讨论自由基共聚合的反应历程。

（2）讨论高分子悬浮剂与无机悬浮剂的悬浮作用机理。

（3）聚合反应过程中，为什么要严格控制反应温度？否则会产生什么后果？

项目四十　聚合物微球的制备

一、实训目的

(1)掌握聚合物微球的制备原理和方法。

(2)一步法合成聚丙烯酰胺微球。

二、实训原理

聚合物微球是指具有圆球形状且粒径在数十纳米到数百微米尺度范围内的聚合物粒子，聚合物微球的直径大小一般在0.05～2.00 mm，粒度分布相对较宽。聚合物微球是一种性能优良的新型功能材料，具有体积效应、表面效应、磁效应、功能基团、生物相容性等特性，在分析化学、胶体科学、生物医学及色谱分离等领域中具有十分广泛的应用。

聚丙烯酰胺(PAM)微球又称聚丙烯酰胺微粒或聚丙烯酰胺微凝胶，是指以丙烯酰胺(AM)为单体的均聚或与其他单体共聚而形成的高分子微球粒子。这种功能性微球材料以其优异的吸水性和保水性、良好的生物相容性、表面易功能化等特点，广泛应用于石油、造纸、水处理和医学等领域。目前制备聚丙烯酰胺微球的方法可分为均相法和非均相法，前者主要包括反相乳液聚合法、反相微乳液聚合法，产物一般为胶乳或微胶乳；后者则包括分散聚合法、沉淀聚合法、反相悬浮聚合法，产物一般为固体微粒。

聚丙烯酰胺微球是一类用途广泛的吸水性树脂，被应用于油田深部调剖堵水，主要针对非均质性强、高含水、大孔道发育的油田深部调剖，为改善水驱开发效果而开发的新技术。

本实训以丙烯酰胺为原料，过硫酸铵为引发剂，用反相乳液聚合法一步合成聚合物微球。

三、仪器和试剂

仪器：恒温水浴，温度计，烧杯，量筒，电子天平，玻璃棒，三口瓶，电动搅拌器。

试剂：液体石蜡，蒸馏水，过硫酸铵，丙烯酰胺，Span80，四甲基乙二胺，葡萄糖。

四、实训内容

(1)称取丙烯酰胺30 g，葡萄糖8 g，溶解于100 mL水中，配置成丙烯酰胺单体溶液，待用。

(2)量取100 mL液体石蜡，加入三口瓶中，并加入1 g Span80，安装搅拌装置，搅拌，使其溶解。

(3)取之前配好的丙烯酰胺单体溶液35 mL，加入0.1 g过硫酸铵，溶解后缓慢加入油相中，搅拌下(转速约120 r/min)进行反相乳液聚合。

(4)反应约10 min后，滴加约5滴四甲基乙二胺，反应体系迅速升温20～40℃，反应约30 min，然后加热至60～70℃，反应2 h。

(5)反应产物贴上标签保留备用。

五、思考题

(1)反应过程有何现象？什么发生了变化？该现象说明什么问题？
(2)药品的滴加速度对产物微粒粒径有何影响？
(3)反应时间、反应温度和搅拌速度对微粒粒径有何影响？

项目四十一　胶水的制备

一、实训目的

(1)掌握缩醛化反应的基本原理、特点和方法。

(2)了解聚乙烯醇缩醛化反应的原理及胶水的制备方法。

二、实训原理

聚乙烯醇缩甲醛是利用聚乙烯醇与甲醛在盐酸催化的作用下而制得的,其反应如下:

$$\sim\!\sim CH_2-\underset{OH}{\underset{|}{CH}}-CH_2-\underset{OH}{\underset{|}{CH}}\sim\!\sim + HCHO \xrightarrow{HCl} \sim\!\sim CH_2-\overset{O-CH_2-O}{\overset{|\qquad\quad|}{CH-CH_2-CH}}\sim\!\sim + H_2O$$

聚乙烯醇是水溶性的高聚物,如果用甲醛将它进行部分缩甲醛化,随着缩醛度的增加,水溶性愈差。作为维尼纶纤维的聚乙烯醇缩甲醛的缩醛度一般控制在35%左右。它不溶于水,是性能优良的合成纤维。

本实训是合成水溶性聚乙烯醇缩甲醛胶水。反应过程中须控制较低的缩醛度,使产物保持水溶性。如反应过于猛烈,则会造成局部高缩醛度,导致不溶性物质存在于水中,影响胶水质量。因此在反应过程中,要特别注意严格控制催化剂用量、反应温度、反应时间及反应物比例等因素。

聚乙烯醇缩甲醛随缩醛化程度的不同,性质和用途各有所不同。它能溶于甲酸、乙酸、二氧六环、氯化烃(二氯乙烷、氯仿、二氯甲烷)、乙醇-苯混合物(30∶70)、乙醇-甲苯混合物(40∶60)以及60%的含水乙醇等。

三、仪器和试剂

仪器:恒温水浴,温度计,烧杯,量筒,电子天平,玻璃棒,pH试纸,三颈瓶,电动搅拌器。

试剂:8%NaOH溶液,盐酸溶液,去离子水,40%工业甲醛,聚乙烯醇。

四、实训内容

(1)在250 mL三颈瓶中,加入90 mL去离子水,17 g聚乙烯醇,在搅拌下升温溶解。待聚乙烯醇完全溶解后,于90℃左右加入3 mL甲醛(40%工业甲醛)搅拌15 min。

(2)再加入1∶4盐酸0.5 mL,控制反应体系,使其pH值在1～3,保持反应温度90℃左右,继续搅拌。

(3)反应体系逐渐变稠,当体系中出现气泡或者有絮状物产生时,立即迅速加入1.5 mL 8%NaOH溶液,调节体系的pH值为8～9,然后冷却降温出料。

(4)反应产物是无色透明黏稠的液体,即市售的胶水。反应产物贴上标签保留备用。

五、思考题

(1)试讨论缩醛反应的机理及催化剂作用。

(2)为什么缩醛度增加,水溶性下降,在达到一定的缩醛度之后产物完全不溶于水?

(3)反应最后为什么要把 pH 调到 8～9? 试讨论缩醛对酸和碱的稳定性。

项目四十二　淀粉改性 PAM 的制备

一、实训目的

(1)掌握聚合物改性的基本原理和方法。

(2)熟悉聚丙烯酰胺的实训室制备技术。

(3)学习搅拌装置的安装和拆卸。

二、实训原理

淀粉(amylum)是一种多糖，制造淀粉是植物贮存能量的一种方式，分子式为$(C_6H_{10}O_5)_n$。淀粉可以看作是葡萄糖的高聚体。

天然淀粉经过适当化学处理，引入某些化学基团使分子结构及理化性质发生变化，生成淀粉衍生物。未改性的淀粉通常有直链淀粉和支链淀粉两种结构，是聚合的多糖类物质，水溶性差；改性淀粉即水溶性淀粉，品种、规格达2 000多种。

可溶性淀粉是经不同方法处理得到的一类改性淀粉衍生物，不溶于冷水、乙醇和乙醚，溶于或分散于沸水中，形成胶体溶液或乳状液。淀粉改性的方法有许多，主要的处理方法有物理改性、化学改性、生物改性、复合改性等。

淀粉的物理改性是指通过加热、机械力、物理场等物理手段对淀粉进行改性。化学法是淀粉改性应用最广的方法。淀粉分子中具有数目较多的醇羟基，能与众多的化学试剂反应生成各种类型的改性淀粉。生物改性是指用各种酶处理淀粉，如环状糊精、麦芽糊精、直链淀粉等都是采用酶法处理得到的改性淀粉。复合改性淀粉是指用两种或者两种以上处理方法得到的改性淀粉，它具有两种或两种以上改性淀粉各自性能的优点。

改性淀粉在淀粉原有性质的基础上根据需要，通过不同的途径改变淀粉的天然性质，增加了一些功能特性或引进了新的特性，从而大大增加了淀粉的使用范围，被广泛应用于食品工业、医药、水处理、造纸工业、铸造业、包装材料等领域，在工业应用中占有重要的位置。开发淀粉资源，生产具有多种用途的改性淀粉已成为我国工业的重要组成部分。

本实训采用化学改性法，用丙烯酰胺对淀粉进行改性。

丙烯酰胺($CH_2=CHCONH_2$)为白色晶体，相对分子质量为 71.08，20℃时的密度为 1.22 g/cm^3，熔点为 84.5℃，可溶于水、三氯甲烷、甲醇、乙醇、丙酮等极性溶剂、丙烯酰胺的双键具有较高的反应活性，在自由基存在下很容易聚合成高分子量的聚丙烯酰胺。

三、仪器和试剂

仪器：恒温水浴、温度计、烧杯、量筒、电子天平、玻璃棒、三口烧瓶、搅拌装置、加热套。

试剂：蒸馏水、过硫酸铵、丙烯酰胺、淀粉。

四、实训步骤

(1)在三口烧瓶中称取 5g 淀粉，加入 20 mL 蒸馏水，安装搅拌器，加热至 60℃ 糊化

20 min。

(2)称取 5 g 丙烯酰胺，加入 5 mL 蒸馏水，充分搅拌溶解，倒入烧瓶中，搅拌混合均匀。

(3)在 50 mL 烧杯中称取 0.03 g 过硫酸铵，加 5 mL 蒸馏水溶解，加入烧瓶，用 5 mL 蒸馏水涮洗烧杯 2 次后加入烧瓶中。

(4)升温至 80℃，反应 2 h，并观察有何现象。

(5)停止反应，反应产物贴上标签，备用(相对分子质量测定)。

五、思考题

(1)反应过程有何现象？什么发生了变化？该现象说明什么问题？

(2)要想提高聚合物的相对分子质量，应采取什么措施？

(3)影响产物相对分子质量的因素有哪些？

项目四十三　黏度法测高聚物相对分子质量

一、实训目的

(1)理解黏度法测定高分子相对分子质量原理。

(2)学会黏度法测定高分子相对分子质量的方法。

二、实训原理

高聚物的相对分子质量是衡量高聚物性能最重要的指标之一。高聚物的许多性能都与它的相对分子质量大小有关,如溶解性能、流动性能、力学性能等。高聚物相对分子质量范围大,一般在 $10^4 \sim 10^7$ 之间,具有多分散性,这主要是由于聚合反应中概率因素、合成聚合物的相对分子质量及其结构总是不均一的,它是各种不同相对分子质量的物质的混合物。大多数的聚合物是化学组成相同而分子质量不同、不同结构的同系化合物的混合物,因此称聚合物的这种相对分子质量和分子结构的多样性为“聚合物的多分散性”。

相对分子质量的测定方法现已发展到 10 多种,不同的方法可适用于不同的相对分子质量范围,给出不同的统计平均相对分子质量。采用不同的方法测得的平均相对分子质量也不同,常用的统计平均相对分子质量有以下几种:数均相对分子质量,质量平均相对分子质量,Z 均相对分子质量,黏均相对分子质量。目前测定聚合物相对分子质量的方法有端基分析法、沸点升高法、冰点下降法、气相渗透压法、黏度法、光散射、超离心沉降速率法、凝胶渗透色谱法等,不同的测定方法有各自的适用范围。

本试验采用一种简单通用的方法——黏度法测定聚合产品的相对分子质量。黏度法是测定聚合物的相对分子质量使用最广泛的方法。由于聚合物的相对分子质量与聚合物溶液的黏度有关,而且还取决于聚合物分子结构形态,以及在溶剂中的伸展程度,因此,黏度法只是一种测定聚合物相对分子质量的相对方法,必须先在特定的条件下,确定溶液黏度与相对分子质量的关系,根据这种关系才能用溶液的黏度算出聚合物的相对分子质量。

聚合物特性黏数的测定依据 GB12005.1—1989,用一点法测定共聚物的特性黏数 $[\eta]$,具体步骤如下:

1)标准溶液的配制:在 250 mL 的容量瓶中配制 2 mol/L 的氯化钠溶液,取 50 mL 2mol/L氯化钠于 100mL 容量瓶中,将其稀释为 1 mol/L 即为标准溶液。

2)样品溶液的配制:用分析天平准确称取 0.05～0.15 g 聚合物,加蒸馏水 30 mL 使其溶解,转移至 100 mL 容量瓶中。待样品完全溶解后,用移液管移取 50 mL1)中 2 mol/L 的氯化钠溶液于容量瓶中,用蒸馏水定容。

3)测定:用乌氏黏度计(见图 43-1),在 30±0.05℃的恒温水浴锅中分别测出标准溶液的流出时间 t_0 及样品溶液的流出时间 t_1,每次误差不超出 0.20 s,取平均值。

4)计算:

$$\eta_r = \frac{t_1}{t_0}$$

$$\eta_{sp} = \frac{t_1 - t_0}{t_0} = \eta_r - 1$$

$$[\eta] = \frac{\sqrt{2(\eta_{sp} - \ln \eta_r)}}{c}$$

式中 η —— 特性黏数，mL/g；

t_0 ——1 mol/L 的 NaCl 水溶液流经刻度所用时间，s；

t_1 —— 样品溶液流经刻度所用时间，s；

η_r —— 相对黏度；

η_{sp}—— 增比黏度；

c —— 样品溶液浓度，g/ mL。

5）相对分子质量的计算公式如下：$[\eta] = K \times M^a$（其中，$K \approx 3.73 \times 10^{-4}$，$a \approx 0.66$）由于此公式中的 K，a 值随高分子的结构和组成变化而变化，只能用于近似估算 PAM 的相对分子质量。

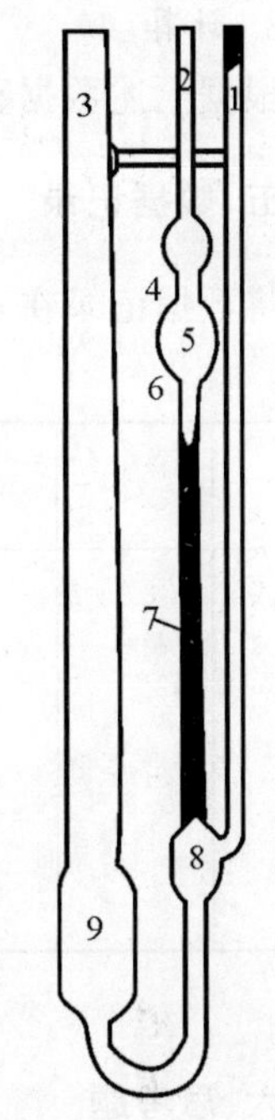

图 43-1 乌氏黏度计

1，2，3—支管；

5，8，9—玻满管；

4，6—刻度；7—毛细管

三、仪器和试剂

仪器：乌氏黏度计，秒表，吸耳球，恒温箱，移液管，容量瓶。

试剂：聚丙烯酰胺（工业品），氯化钠，蒸馏水。

四、实训内容

1. 测定溶液的 t_0

用移液管移取 20 mL 1mol/L 氯化钠溶液由支管 3 加到已洗净、烘干的黏度计的球 9 中，然后将黏度计固定在已调至 30℃的恒温槽中，恒温约 15 min，即可按下述方法测定：先用左手的拇指和中指将黏度计的支管 1 捏住，用食指将支管 1 的管口堵住，然后用洗耳球从支管 2 的管口将溶液吸至刻度 4 以上的粗直径部分，在将食指松开的同时将洗耳球从管口移开，这时球 8 中的溶液因支管 1 通大气即迅速流回球 9，而支管 2 中的刻度 4 以上的溶液则通过毛细管 7 慢慢流回球 9，用秒表测定溶液液面经过刻度 4 与 6 所需要的时间。重复数次，取平均值，作为 1 mol/L 氯化钠溶液的液面流经黏度计 4 与 6 两刻度的时间 t_0，测定后，将黏度计的溶液倒出，先后用自来水、蒸馏水洗净，然后烘干备用。

2. 测定不同浓度的聚丙烯酰胺溶液的 t_1

用移液管将 10 mL 浓度 0.4 g/100 mL 的聚丙烯酰胺溶液和 10 mL 2 mol/L 氯化钠（请思考为什么用 2 mol/L 氯化钠而不是 1 mol/L 氯化钠?）经支管 3 加入已洗净、烘干的黏度计的球 9 中。摇动球 9，使加入的溶液均匀混合。然后将黏度计固定在 30℃的恒温槽中，恒温约 15 min 后，用上述方法测定聚丙烯酰胺溶液的液面流经 4 与 6 两刻度间的时间 t_1。

同理，依次向球 9 加入 10 mL，10 mL，20 mL，20 mL，1 mol/L 氯化钠溶液进行稀释，每稀释一次，都要摇匀，并测该浓度的聚丙烯酰胺溶液的液面流经 4 与 6 两刻度的时间，由此得 t_2，t_3，t_4，t_5。

全部测定结束后，将球 9 的溶液倒出，先后用自来水、蒸馏水洗净，然后烘干，备下次使用。

3. 计算

根据上述数据和公式，计算出聚合物的相对分子质量。

五、数据记录

将数据记录在表 43－1 中。

表 43－1　数据记录

m	c	t_0	t_1	$\eta_r = \dfrac{t_1}{t_0}$	$\eta_{sp} = \eta_r - 1$	$[\eta]$	$[\bar{\eta}]$	$\overline{M}$

六、思考题

(1)为什么用 2 mol/L 氯化钠而不是 1 mol/L 氯化钠？

(2)若只比较两种聚合物相对分子质量，需要计算出其相对分子质量吗？

(3)为什么要求每两次 t 之间的误差要小于 0.2 s？若大于 0.2 s，对结果有何影响？

(4)温度对测量结果有何影响？若温度大于要求值，结果偏大还是偏小？

项目四十四　原油密度的测定

一、实训目的

(1)了解石油密度计法测定原油密度的原理和方法。

(2)掌握密度计法测定原油密度的操作技能。

二、实训原理

密度是衡量原油质量优劣的重要指标之一。高品质的原油密度小,含轻组分多,炼制时汽油收率高。

原油密度是指在标准状态下(20℃,0.1 MPa),每立方米所含原油的质量,符号 ρ,单位 g/cm^3 或 kg/m^3。

原油的密度与温度有关,通常用 ρ_t 表示温度 t 时油品的密度。我国规定 20℃时,石油及液体石油产品的密度为标准密度。

原油密度测定方法很多,主要有密度计法(见图 44-1)、专门的密度测试仪器。

图 44-1　SY-05 型密度计

用密度计法测定石油产品密度的理论依据是阿基米德原理。测定时将密度计沉入液体中,当密度计所排开液体的质量等于其本身的质量时,则密度计处于平衡状态,漂浮于液体中。液体的密度越大,浮力越大,密度计露出液面部分也越多;反之,液体的密度小,浮力也小,密度计露出液面部分越少。温度达到平衡后,读取密度计刻度读数和试样温度。用石油计量表把观察到的密度计读数换算成标准密度。

注:使用 SY-05 型的密度计,对于深色不透明原油应加 0.000 7 g/cm^3,对于透明原油则不需要加。

三、仪器和试剂

仪器:SY-05 型密度计(符合 SH/T0316—1998 的技术要求,定期检定),量筒(透明玻璃或塑料材质,250 mL 或 500 mL),温度计(两种:−1～38℃,最小分度值为 0.1℃;−20～102℃,最小分度值为 0.2℃),恒温浴(能容纳量筒,使试样完全浸没在恒温浴液面以下,可控制试验温度变化±0.25℃以内)。

试剂:自来水、蒸馏水、石油醚(或煤油、柴油、汽油、机油)、原油。

四、实训步骤

1. 试样的准备

充分混合试样，对饱和蒸汽压大于 50 kPa 的轻质石油产品在原来的容器和密闭系统中混合；对含蜡原油在混合前，要先加热到能够充分流动的温度，保证既无蜡析出，又不致引起轻组分损失。从温差较大或从冷藏箱中取得的试样，应在测定环境温度下放置一段时间，即在试样的温度与环境的温度差不超过±2℃时测定。

将调好温度的试样小心地沿管壁倾入到洁净的量筒中，注入量为量筒容积的 70%左右。若试样表面有气泡聚集时，要用清洁的滤纸除去气泡。将盛有试样的量筒放在没有空气流动并保持平稳的实训台上。

2. 选择密度计

根据试样的状况选择合适的密度计，将干燥、清洁的密度计小心地放入搅拌均匀的试样中时，密度计底部与量筒底部的间距至少保持 25 mm，否则应向量筒注入试样或用移液管吸出适量试样。

3. 测定试样密度

选择合适的密度计慢慢地放入试样中，达到平衡时，轻轻转动一下，放开，使其离开量筒壁，自由漂浮至静止状态，并按图 44－2 所示的方法读数。

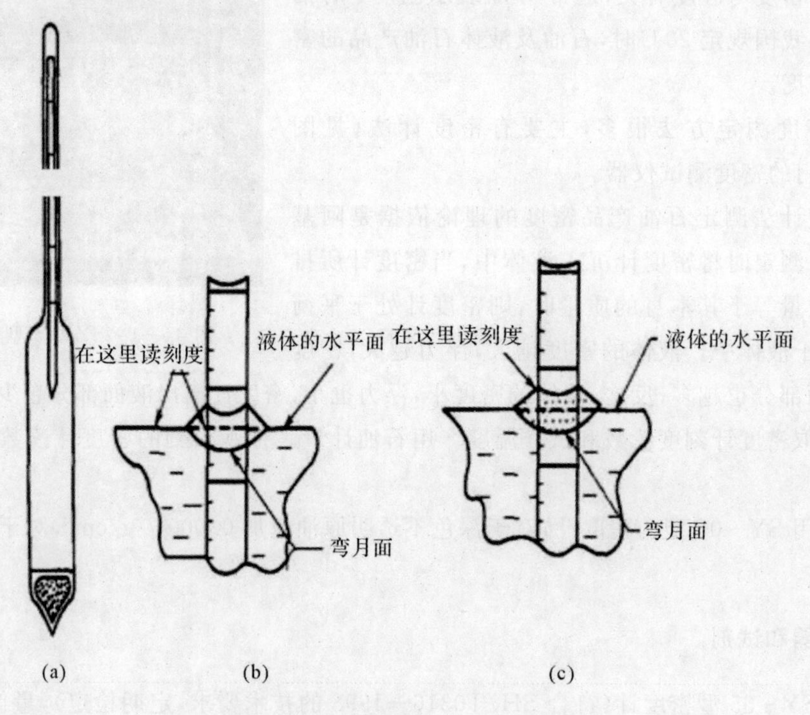

图 44－2　石油密度计及其读数方法

(a) 密度计；(b) 透明液体的读数方法；(c) 不透明液体的读数方法

对不透明黏稠试样，读取液体上弯月面与密度计干管相切的刻度读数；对透明低黏度试样，要将密度计再压入液体中约两个刻度，放开，待其稳定后，读取液体下弯月面与密度计干管相切的刻度。

记录读数后，立即小心地取出密度计，并用温度计垂直地搅拌试样，记录温度，准确到0.1℃。若与开始试验温度相差大于0.5℃，应重新读取密度和温度，直到温度变化稳定在0.5℃以内。如果不能得到稳定温度，把盛有试样的量筒放在恒温浴中，再按步骤3重新操作。

连续记录两次测定的温度和视密度。

五、数据处理

(1)对密度计读数修正：由于密度计读数是按读取液体下弯月面作为检定标准的，不透明试样读数时以干管的上弯月面为准，因此需加以修正(SY－1型或SY－2型石油密度计除外)，记录到0.1kg/m³(0.000 1 g/ mL)。

(2)将视密度换算为标准密度。

若试样的视密度 ρ_t 是在20±5℃范围内测定的，则试样的标准密度 ρ_{20} 可以按下式换算：

$$\rho_{20}=\rho_t+\gamma(t-20)$$

式中，γ 为平均密度温度系数，$g\cdot cm^{-3}/℃$；可根据试样密度查油品平均密度温度系数表。

密度的换算也可以直接查GB/T1885—1998《石油计量表》。

(3)报告。

取重复测定两次结果的算术平均值，作为试样的密度(见表44－1)。

表44－1　油品平均密度温度系数

20℃密度/$(g\cdot cm^{-3})$	平均密度温度系数 $g\cdot cm^{-3}\cdot ℃^{-1}$	20℃密度/$(g\cdot cm^{-3})$	平均密度温度系数 $g\cdot cm^{-3}\cdot ℃^{-1}$
0.665 0～	0.000 97	0.800 0～	0.000 73
0.659 9	0.000 95	0.809 9	0.000 71
0.660 0～	0.000 93	0.810 0～	0.000 70
0.669 9	0.000 91	0.819 9	0.000 69
0.670 0～	0.000 90	0.820 0～	0.000 68
0.679 9	0.000 88	0.829 9	0.000 66
0.680 0～	0.000 86	0.830 0～	0.000 65

六、注意事项

(1)密度计是易损的玻璃制品，因此使用过程中要轻拿轻放，要用脱脂棉或其他质软的物品擦拭，除放入或取出时可用手拿密度计的上部外，在清洗时应拿其下部，以防折断。

(2)对黏稠及室温下为固体的产品，为测准数据，可采用电炉或烘箱加热融化并倒入量筒，然后放入恒温水浴中，待温度达到平衡时再进行测定。不能将融化的样品倒入量筒中后立即在室温下测定，因为温差过大，会导致结果偏高。

(3)若发现密度计的分度标尺位移或玻璃有裂纹等现象，应立即停止使用。

七、思考题

(1)温度对测量结果有没有影响？若有影响，简单分析。

(2)实训测得某一原油密度为1 017 kg/m³，则用g/cm³表示，其值为多少？

(3)原油试样的处理对测定结果有何影响？在测定过程中如何保证结果的准确性？

项目四十五　原油酸值的测定

一、实训目的

(1)了解原油酸值及其测定的原理。

(2)掌握原油酸值测定原理和方法。

二、实训原理

原油酸值是中和 1 g 油样中的酸性物质所需要的氢氧化钾的毫克数,以 mg/g 表示。它是石油及石油产品的一项重要指标,主要用来反映石油及石油产品在开采、运输、加工及使用过程中对金属的腐蚀性及油品的精制深度或变质程度。

油品中的酸性物质既包括环烷酸,又包括其他有机酸(脂肪羧酸、酚类化合物、硫醇等)、无机酸(二氧化碳、硫化氢等)、酯类、内酯、胶质、重金属盐、铵盐以及其他弱碱、多元酸的酸式盐等。这些物质既有原油中固有的,也有在储存和使用条件下产生的,甚至包括添加剂及其变化产物。

原油酸值的测定采用滴定的方法,用乙醇萃取液抽出试样中的酸性成分,加入酚酞指示剂,然后用氢氧化钾乙醇标准溶液进行滴定,待溶液颜色发生变化即为终点,记录消耗的氢氧化钾乙醇标准溶液体积,计算原油酸值。

三、仪器和试剂

仪器:碱式滴定管、锥形瓶、容量瓶、电子天平、移液管、冷凝管、锥形烧瓶。

试剂:原油、氢氧化钾、酚酞指示剂、乙醇。

四、实训步骤

1. 0.01 mol/L 氢氧化钾乙醇标准溶液的配制和标定

参考氢氧化钠标准溶液的配制和标定。

2. 原油酸值的测定

(1)用清洁干燥的锥形瓶称取试样 10g。

(2)取 95%的乙醇 80 mL 注入清洁干燥的锥形烧瓶内,装上回流冷凝管,将 95%的乙醇煮沸 5 min,除去溶解于乙醇内的二氧化碳。

在煮沸过的 95%的乙醇中加入 2 滴酚酞溶液,趁热用已标定的氢氧化钾溶液滴定,直至锥形瓶中混合物的颜色变为浅玫瑰红色为止。

(3)在中和过的 95%的乙醇中注入装有已称好试样的锥形瓶中,在锥形烧瓶装上回流冷凝管后,将锥形烧瓶中的混合物煮沸 5 min,(朝一个方向不断摇动锥形瓶,防止原油和乙醇混合成原油乳浊液),将煮沸的原油试样的上层乙醇浸出液倒入另一个干净的锥形瓶中,用上述中和过的乙醇洗涤原油试样 2 次,每次 10 mL。

趁热用 0.01 mol/L 的氢氧化钾溶液滴定，直至 95％的乙醇层呈现浅玫瑰红色为止，并做空白试验。

五、数据处理

1. 0.01 mol/L 氢氧化钾乙醇标准溶液的配制和标定(见表 45－1)

表 45－1　数据记录

项　目	1#	2#	3#	空白
$m_{\text{邻苯二甲酸氢钾}}$/g				
NaOH 的体积初读/mL				
NaOH 的体积终读/mL				
标定消耗 NaOH 的体积 V/mL				
$c_{(NaOH)}$/(mol・L^{-1})				—
$c_{(NaOH)}$ 平均值/(mol・L^{-1})				
相对平均偏差/(％)				

2. 原油酸值的测定(见表 45－2)

表 45－2　数据记录

项　目	1#	2#	3#	空白
NaOH 的体积初读/mL				
NaOH 的体积终读/mL				
标定消耗 NaOH 的体积 V/mL				
原油酸值/(mg・g^{-1})				—
原油酸值平均值/(mg・g^{-1})				
相对平均偏差/(％)				

六、思考题

(1)氢氧化钾乙醇标准溶液用哪种基准试剂标定？应称取多少 g?

(2)测定原油酸值时的实训现象和酸碱滴定时有何不同？

项目四十六　原油凝点和倾点的测定

一、实训目的

(1)了解原油凝点、倾点的测定原理和方法。

(2)掌握测定原油凝点、倾点的操作技能。

二、实训原理

倾点也称倾倒点,表示油样在标准规定的条件下冷却时,能够继续流动的最低温度。凝点表示油样在规定试验条件下冷却到液面不移动时的最高温度。

倾点是用来衡量润滑油等低温流动性的常规指标,同一油品的倾点比凝点略高几度,过去常用凝点,国际通用倾点。

倾点或凝点偏高,油品的低温流动性就差。人们可以根据油品倾点的高低,考虑在低温条件下运输、储存、收发时应该采取的措施,也可以用来评估某些油品的低温使用性能。

石油产品是多种烃类的复杂混合物,每一种烃都有它的凝点,因此当温度降低时,油品并不立即凝固,要经过一个稠化阶段,在相当宽的温度内逐渐凝固,所以同一个试样的倾点比凝点高 3～5℃。

含蜡油品之所以在低温下失去流动性,是由于高熔点的石蜡烃(除正构烃外,尚包含少量异构和环状烃)以针状或片状结晶析出,并互相黏结,形成三维网状结构,将低熔点油吸附并包于其中,致使整个油品丧失流动性。

三、仪器和试剂

仪器:原油凝固点测定仪、烧杯、温度计。

试剂:Span80、原油、丙酮。

四、实训步骤

1. Span80 倾点的测定

将 Span80 加热至 25℃,在小烧杯中取 20 g,插入温度计,使其冷却,观察烧杯中 Span80 的变化,待黏度变大时倾斜烧杯,测量流体不能流动时的温度,此温度即为 Span80 的倾点。平行测定三次,取其平均值。

2. 原油凝固点测定

(1)量取原油 15 mL,置干燥洁净的内管 A 中备用。原油为膏状体时,可称取 15～20g 置干燥洁净的内管 A 中,于比规定的凝点高 5～10℃的水(油)浴中,微温使其熔融备用。

(2)将装有原油的内管 A,用带有温度计和搅拌器的软木塞塞住管口,温度计汞球末端距内管 A 的管底约 10mm,汞球应完全被原油浸没。迅速冷却内管 A,观察温度计,测定出其近似凝点。

(3)再将内管A置于比近似凝点高5～10℃的水(油)浴中,使凝结物熔融至仅剩极微量未熔融物。将内管A按中国药典附录所示,装妥在B管与烧杯内。烧杯中加入较供试品近似凝点约低5℃的水或其他适宜的冷却液,用搅拌器以每分钟约20次上下往返的均匀速度不断搅拌,每隔30 s观察温度计读数1次,至原油开始凝结,停止搅拌,并每隔5～10 s观察温度计读数1次,至温度计的汞柱能在某一温度停留约1 min不变,或微上升至最高温度后停留约1 min不变,该温度(准确读数至0.1℃)即为原油的凝点。平行测定三次,取其平均值。

五、数据处理

将数据记录在表46－1中。

表46－1　数据记录

项　目	1	2	3	平均值
span80倾点/℃				
原油凝点/℃				

六、注意事项

(1)用于测定凝点的温度计应经省(市)质量技术监督局有关单位按国家计量检定规程校准,在没有0.1℃刻度的温度计时,也可采用0.2℃刻度的温度计。

(2)固体供试品在测试前微热熔融时,应注意不可用直火加热,以防止局部过热造成部分分解。

(3)取样过少或搅拌速度过快过慢,都可能影响测定结果,应予注意。

(4)凝点测定是以该物质受热至熔融时不分解为前提的,在制订质量标准凝点项目时,宜重复测定数次,以确认该品在微热熔融时不会分解。检验时应重复测定2次,报告2次测定结果的均值。

七、思考题

(1)原油的凝点和倾点一样吗?有什么区别?

(2)样品的处理对测定结果有没有影响?

项目四十七　原油水分含量的测定

一、实训目的

(1)进一步熟练掌握回流装置的安装和拆卸。

(2)学习蒸馏法测定原油水分的原理和方法。

二、实训原理

原油水分含量是原油重要性能指标之一。原油含水过多会造成蒸馏塔操作不稳定,严重时甚至造成冲塔事故。原油含水多增加了热能消耗,例如对一座 250 万吨/年的原油蒸馏装置来说,原油含水量每增加 1%,热能的消耗就增加 700×10^4 kJ/h,同时也增大了冷却器和蒸馏塔的负荷,冷却水消耗量也随之增大。

原油中的盐类一般是溶解在原油所含的水中,有时也会有一部分以微细颗粒状态悬浮于原油中。各种原油所含盐分的组成是不同的,主要是钠、钙、镁的氯化物,而以 NaCl 的含量为最多。这些盐类的存在对加工过程危害很大,因此,原油在输送之前要控制其含水率,一般要求含水小于 0.5%。

原油含水量的测定主要有两种方法。一种是蒸馏法,在原油中加入与水不混溶的有机溶剂,并在回流条件下加热蒸馏,冷凝下来的溶剂和水在接受器中连续分离,水沉降到接受器中带刻度部分,溶剂返回到蒸馏烧瓶中,读出接受器中水的体积,并计算出原油中水的百分含量。另一种是离心法,在高速旋转作用下,密度大的物质产生的离心力大,处于离心管的下端,密度小的物质产生的离心力小,处于离心管的上端,读出下端水的体积,即可计算原油水分含量。

原油中水 φ(水) 或 w(水) 的计算公式:

$$\varphi(\text{水})=\frac{V_1}{V}\times100\%$$

$$w(\text{水})=\frac{m_1}{m}\times100\%$$

式中　V_1—— 接受器中水的体积,mL;

m_1 —— 接受器中水的质量;g;

V —— 试样的体积,mL;

m —— 试样的质量,g。

蒸馏法也可用于石油产品水分含量的测定。

三、仪器和试剂

仪器:蒸馏仪器(250 mL 的圆底烧瓶;5 mL 的水分接受器,其最小刻度为 0.05 mL;长 400 mm 的球管冷凝器,其顶部装有一个带干燥剂的干燥管),电加热套(可控温),原油水分测定仪,离心机(1 套)。

试剂:二甲苯,200# 溶剂油,无水氯化钙(化学纯)。

四、实训步骤

1. 蒸馏法测定原油含水

取 150 g 原油，轻轻摇动 5 min，使之混合均匀，对于黏稠或含蜡的石油产品应预先加热到 40～50℃，再进行摇匀。向预先洗净、烘干的圆底烧瓶中称入摇匀的试样 100g，称准至 0.01g，用量筒取 100 mL 的溶剂油注入烧瓶中，将混合物仔细摇匀后，投入一些无釉瓷片，防止爆沸。

按回流装置将洗净烘干的水分接收器和球形冷凝管连接好，冷凝管内壁预先用棉花擦干。用加热器加热圆底烧瓶，并控制回流速度，使冷凝管的斜口每秒滴下 2～4 滴液体。

回流将近完毕时，如冷凝管内壁占有水滴，应使圆底烧瓶中的混合物在短时间内进行剧烈沸腾，利用冷凝的溶剂油尽量将水冲入水分接收器中。接收器中收接的水的体积不再增加，且溶剂的上层完全透明时，停止加热，回流时间不应超过1 h。

停止加热后，如冷凝管内壁仍占有水滴，应从冷凝管上端倒入溶剂，把水滴冲进接收器，如无效，用金属丝或细玻璃棒带有橡皮的一端把水滴刮进接收器中。圆底烧瓶冷却后，将仪器拆卸，读出接收器中收集到的水的体积，当接受器中溶剂呈现浑浊时，且管底收集的水不超过 0.3 mL时，将接受器放入热水中浸 20～30 min，使溶剂澄清，冷却到室温，读出管底收集到的水的体积，并记录。

2. 离心法测定原油含水

将原油装入离心管，读取其体积，再将离心管放入离心机，注意对称放置。设定离心时间，打开电源。待离心机停止工作后打开，取出离心管，读出管底水的体积，并记录。

五、数据记录与处理

将数据记录在表 47－1 中。

表 47－1　数据记录

项　目	原油质量 / g	水分体积 / mL	原油含水率 /(%)
蒸馏法			
离心法			

六、注意事项

(1)两次测定中收集到水的体积差数不应超过接收器的一个刻度，然后取平行测定的两个结果的算术平均值。

(2)试样水分少于 0.03%，认为是痕迹，在仪器拆卸后接收器中没有水存在，认为试样无水。

七、思考题

(1)样品需要进行何种处理？对测定结果有没有影响？

(2)两种方法测定原理是否相同？请简述其区别。

(3)两种方法的测定结果是否相同？简单分析测定结果。

(4)蒸馏法测定原油含水时需要加沸石吗？为什么？

(5)离心法测定原油含水时离心管为什么要对称放置？

项目四十八　原油运动黏度的测定

一、实训目的

(1)了解测定原油运动黏度的方法和原理。

(2)掌握测量原油运动黏度的仪器操作。

二、实训原理

当液体受外力而作层流运动时(即流体各质点运动方向相同,质点之间互不干扰),液体分子间存在摩擦阻力,因此液体部带有一定的黏滞性。黏度是分子间内摩擦力大小的表征,分子间内摩擦力越大,黏度越大。

运动黏度,表示液体在重力作用下流动时内摩擦力的量度,其值为相同温度下液体的动力黏度与其密度之比,以 m^2/s 表示(习惯用厘斯为单位:1 厘斯$=10^{-6}$ $m^2/s=1$ mm^2/s)。

温度对于流体黏度有较大影响,对于液体,温度升高时其内聚力减小,所以黏性减小。

运动黏度广泛用于测定喷气燃料油、柴油、润滑油等液体石油产品、深色石油产品、使用后的润滑油、原油等的黏度,运动黏度的测定采用逆流法。

本实训是测定液体运动黏度的一个重要方法,实训装置如图 48-1 所示,该仪器由上盖部分、浴缸及保温部分和温度控制部分组成,不同的黏度计有不同的黏度计常数,需要经过标定得到,实训时可以根据需要选择合适的黏度计,使试样流动时间不少于 200 s,不大于 350 s。实训时,用秒表记下待测液体石油产品从黏度计标线 a 处流经标线 b 处所需的时间(见图 48-2),然后根据 GB256—88《石油产品运动黏度测定法和动力黏度计算法》来计算待测液体在某一温度 t 下的运动黏度。

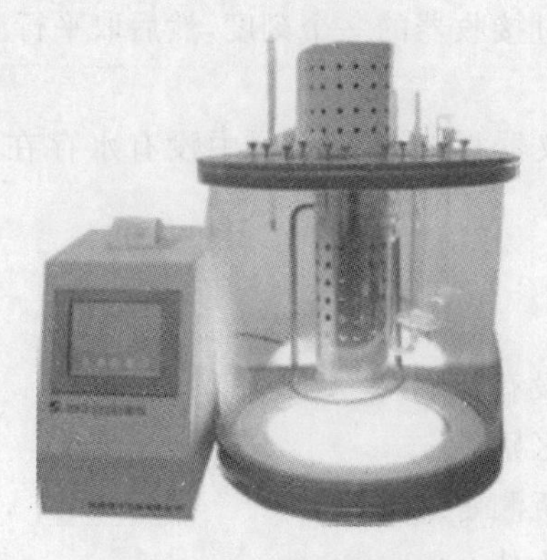

图 48-1　实训装置

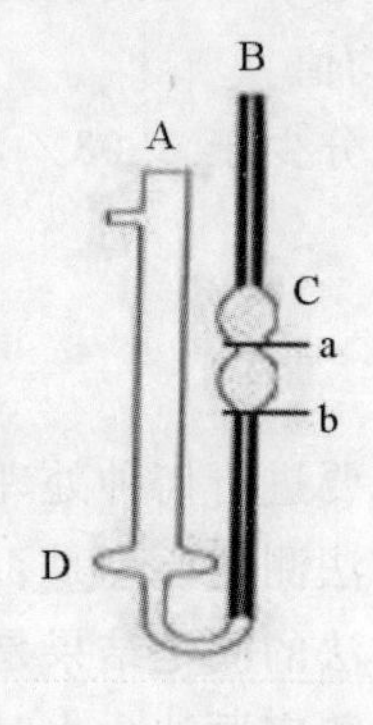

图　48-2

三、仪器和试剂

仪器:品氏黏度计1套、烧杯、洗耳球、秒表。

试剂:水、丙酮、原油。

四、实训步骤

1. 水的运动黏度测定

(1)将黏度计用洗液和蒸馏水洗干净,然后烘干备用。

(2)调节恒温槽温度至(25.0±0.1)℃。

(3)在烧杯中取适量水,将品氏黏度计倒转,使B管伸入液面以下,用拇指堵住A管,用吸耳球从A管侧面开口将水吸入D,倒转黏度计,然后把黏度计垂直固定在恒温槽中,恒温5～10 min。

(4)用洗耳球从B管将水吸至C球,松开洗耳球,用秒表测定液体流经a,b刻度线所需的时间。重复操作测定5次,要求各次的时间相差不超过0.3s,取其平均值。

(5)读取黏度计常数,计算水的运动黏度。

2. 丙酮的运动黏度测定

按照同样的方法测定丙酮流经a,b刻度线所需的时间,计算丙酮的运动黏度。

3. 原油的运动黏度测定

按照同样的方法测定原油流经a,b刻度线所需的时间,计算原油的运动黏度。

五、数据处理

将数据记录在表48-1中。

表48-1　数据记录

样品	t / s					毛细管常数 $m^2 \cdot s^{-1}$	运动黏度 $m^2 \cdot s$
	1	2	3	4	5		
水							
丙酮							
原油							

六、注意事项

(1)实训结束后,要注意及时清洗试验器具。

(2)测定过程中拿品氏黏度计时,手握A管或B管,否则容易断裂。

(3)恒温时间因测量温度不同而不同,测量温度越高,恒温时间越长。一般试验温度为20℃时恒温时间为10 min;试验温度为40℃,50℃时,恒温时间为15 min;试验温度为100℃时,恒温时间为20 min。

七、思考题

(1)温度对测定结果有没有影响？如何影响？

(2)原油流经 a,b 刻度线所需的时间 t 对测量结果有何影响？测定过程中是如何控制测量精度的？

附　录

附录1　实训报告格式

实训名称			
实训时间		室温	
实训地点		实训班级	
姓名			
小组成员			

一、实训目的

二、实训原理

三、实训步骤

四、数据记录

五、数据处理

六、结果分析

附录2 常见指示剂的配制方法

指示剂名称	方　法
二甲基黄-亚甲蓝指示液	取二甲基黄与亚甲蓝各 15 mg,加氯仿 100 mL,振摇使溶解(必要时微温),滤过,即得
中性红指示液	取中性红 0.5 g,加水使溶解成 100 mL,滤过,即得。变色范围 pH6.8～8.0(红→黄)
石蕊指示液	取石蕊粉末 10 g,加乙醇 40 mL,回流煮沸 1 h,静置,倾去上层清液,再用同一方法处理 2 次,每次用乙醇 30 mL,残渣用水 10 mL 洗涤,倾去洗液,再加水 50 mL 煮沸,放冷,滤过,即得。变色范围 pH 4.5～8.0(红→蓝)
甲基红指示液	取甲基红 0.1 g,加 0.05 mol/L 氢氧化钠溶液 7.4 mL 使溶解,再加水稀释至 200 mL,即得。变色范围 pH4.2～6.3(红→黄)
甲基红-亚甲蓝指示液	取 0.1%甲基红的乙醇溶液 20 mL,加 0.2%亚甲蓝溶液 8 mL,摇匀,即得
甲基红-溴甲酚绿指示液	取 0.1%甲基红的乙醇溶液 20 mL,加 0.2%溴甲酚绿的乙醇溶液 30 mL,摇匀,即得
甲基橙指示液	取甲基橙 0.1 g,加水 100 mL 使溶解,即得。变色范围 pH3.2～4.4(红→黄)
甲基橙-亚甲蓝指示液	取甲基橙指示液 20 mL,加 0.2%亚甲蓝溶液 8 mL,摇匀,即得
甲酚红指示液	取甲酚红 0.1 g,加 0.05 mol/L 氢氧化钠溶液 5.3 mL 使溶解,再加水稀释至 100 mL,即得。变色范围 pH7.2～8.8(黄→红)
刚果红指示液	取刚果红 0.5g,加 10%乙醇 100 mL 使溶解,即得。变色范围 pH 3.0～5.0(蓝→红)
苏丹Ⅳ指示液	取苏丹Ⅳ0.5g,加氯仿 100 mL 使溶解,即得
含锌碘化钾淀粉指示液	取水 100 mL,加碘化钾溶液(3→20)5 mL 与氯化锌溶液(1→5)10 mL,煮沸,加淀粉混悬液(取可溶性淀粉 5 g,加水 30 mL 搅匀制成),随加随搅拌,继续煮沸 2 min,放冷,即得。本液应在凉处密闭保存
邻二氮菲指示液	取硫酸亚铁 0.5 g,加水 100 mL 使溶解,加硫酸 2 滴与邻二氮菲 0.5 g,摇匀,即得。本液应临用新制
间甲酚紫指示液	取间甲酚紫 0.1 g,加 0.01 mol/L 氢氧化钠溶液 10 mL 使溶解,再加水稀释至 100 mL,即得。变色范围 pH7.5～9.2(黄→紫)
金属酚指示液	取金属酞 1 g,加水 100 mL 使溶解,即得
荧光黄指示液	取荧光黄 0.1 g,加乙醇 100 mL 使溶解,即得
钙黄绿素指示剂	取钙黄绿素 0.1 g,加氯化钾 10 g,研磨均匀,即得
钙紫红素指示剂	取钙紫红素 0.1 g,加无水硫酸钠 10 g,研磨均匀,即得

续表

指示剂名称	方　法
亮绿指示液	取亮绿 0.5 g,加冰醋酸 100 mL 使溶解,即得。变色范围 pH 0.0～2.6(黄→绿)
结晶紫指示液	取结晶紫 0.5 g,加冰醋酸 100 mL 使溶解,即得
酚酞指示液	取酚酞 1 g,加乙醇 100 mL 使溶解,即得。变色范围 pH8.3～10.0(无色→红)
铬黑 T 指示剂	取铬黑 T0.1 g,加氯化钠 10 g,研磨均匀,即得
铬酸钾指示液	取铬酸钾 10 g,加水 100 mL 使溶解,即得
偶氮紫指示液	取偶氮紫 0.1 g,加二甲基甲酰胺 100 mL 使溶解,即得
淀粉指示液	取可溶性淀粉 0.5 g,加水 5 mL 搅匀后,缓缓倾入 100 mL 沸水中,随加随搅拌,继续煮沸 2 min,放冷,倾取上层清液,即得。本液应临用新制
硫酸铁铵指示液	取硫酸铁铵 8 g,加水 100 mL 使溶解,即得
碘化钾淀粉指示液	取碘化钾 0.2 g,加新制的淀粉指示液 100 mL 使溶解,即得
溴甲酚紫指示液	取溴甲酚紫 0.1 g,加 0.02 mol/L 氢氧化钠溶液 20 mL 使溶解,再加水稀释至 100 mL,即得。变色范围 pH5.2～6.8(黄→紫)
溴甲酚绿指示液	取溴甲酚绿 0.1 g,加 0.05 mol/L 氢氧化钠溶液 2.8 mL 使溶解,再加水稀释至 200 mL,即得。变色范围 pH3.6～5.2(黄→蓝)
溴酚蓝指示液	取溴酚蓝 0.1 g,加 0.05 mol/L 氢氧化钠溶液 3.0 mL 使溶解,再加水稀释至 200 mL,即得。变色范围 pH2.8～4.6(黄→蓝绿)

附录 3　缓冲溶液的配制方法

序号	溶液名称	配制方法	pH 值
1	邻苯二甲酸、盐缓冲液	取邻苯二甲酸氢钾 5.105 4 g,加水稀释至 500 mL,混匀,即得	4.0
2	醋酸-醋酸钠缓冲液	取醋酸钠 9.0 g,加冰醋酸 4.9 mL,加水稀释至 500 mL,即得	4.5
3	醋酸-醋酸铵缓冲液	取 77.0g 醋酸铵溶于 200 mL 蒸馏水中,加冰醋酸 59 mL,稀释至 1000 mL	4.5
4	醋酸-醋酸钠缓冲液	取醋酸钠 39.10g,加冰醋酸 15 mL,加水稀释至 250 mL	5.0
5	醋酸-醋酸钠缓冲液	取醋酸钠 20 g,加冰醋酸 2.42 mL,加水稀释至 100 mL	5.5

续表

序号	溶液名称	配制方法	pH 值
6	醋酸-醋酸钠缓冲液	取醋酸钠 20 g,加冰醋酸 0.90 mL,加水稀释至 100 mL	6.0
7	醋酸-醋酸钠缓冲液	取醋酸钠 20 g,加冰醋酸 0.24 mL,加水稀释至 100 mL	6.5
8	磷酸二氢钠-磷酸氢二钠缓冲液	准确称取磷酸二氢钠 7.472 9 g,磷酸氢二钠 0.752 1 g,用水稀释至 250 mL	5.5
9	磷酸二氢钠-磷酸氢二钠缓冲液	准确称取磷酸二氢钠 6.841 0 g,磷酸氢二钠 2.202 5 g,用水稀释至 250 mL	6.0
10	磷酸二氢钠-磷酸氢二钠缓冲液	准确称取磷酸二氢钠 5.343 3 g,磷酸氢二钠 5.640 7 g,用水稀释至 250 mL	6.5
11	磷酸二氢钠-磷酸氢二钠缓冲液	准确称取磷酸二氢钠 3.042 2 g,磷酸氢二钠 10.923 3 g,用水稀释至 250 mL	7.0
12	氯化铵-浓氨水缓冲液	将 100 g 氯化铵溶于水中,加浓氨水 7.0 mL,稀释至1 000 mL	8.0
13	氯化铵-浓氨水缓冲液	将 70 g 氯化铵溶于水中,加浓氨水 48 mL,稀释至1 000 mL	9.0
14	氯化铵-浓氨水缓冲液	将 54 g 氯化铵溶于水中,加浓氨水 350 mL,稀释至1 000 mL	10.0

附录 4　常见聚合物及其相对分子质量

聚合物类型	聚合物名称	相对分子质量/万
塑料	HDPE 聚烯烃	6～30
	PVC 聚氯乙烯	5～15
	PS 聚苯乙烯	10～30
	PC 聚碳酸酯	2～6
纤维	涤纶	1.8～2.3
	尼龙-66	1.2～1.8
	维尼纶	6～7.5
	纤维素	50～100
橡胶	天然橡胶	20～40
	丁苯橡胶	15～20
	顺丁橡胶	25～30
	氯丁橡胶	10～12

附录 5　常见表面活性剂的 HLB 值

表面活性剂名称	HLB 值	表面活性剂名称	HLB 值
油酸	1.0	聚氧乙烯壬基苯酚醚-9	13.0
Span-85	1.8	Tween-21	13.3
Span-65	2.1	聚氧乙烯辛基苯酚醚-10	13.5
Span-80	4.3	Tween-60	14.9
Span-60	4.7	Tween-80	15.0
Span-40	6.7	十二烷基三甲基氯化铵	15.0
Span-20	8.6	Tween-40	15.6
Tween-61	9.6	Tween-20	16.7
Tween-81	10.0	聚氧乙烯辛基苯酚醚-30	17.0
Tween-85	10.5	油酸钠	18.0
Tween-65	10.5	油酸钾	20.0
十四烷基苯磺酸钠	11.7	十二醇硫酸酯钠盐	40.0

参考文献

[1] 叶芬霞.无机化学与化学分析[M].北京:高等教育出版社,2012.
[2] 北京大学化学系仪器分析教学组.实训仪器分析[M].北京:北京大学出版社,2007.
[3] 孟长功,辛剑.基础化学实训[M].北京:高等教育出版社,2004.
[4] 池秀梅.有机化学[M].北京:石油工业出版社,2008.
[5] 罗倩.定量分析化学实训[M].北京:中国林业出版社,2013.
[6] 北京大学化学与分子工程学院分析化学教学组.基础分析化学实训[M].北京:北京大学出版社,2010.
[7] 周建敏,蔡洁.物理化学实训[M].北京:中国石化出版社,2012.
[8] 张太亮.表面及胶体化学实训[M].北京:化学工业出版社,2011.
[9] 赵立群.高分子化学实训[M].大连:大连理工大学出版社,2010.